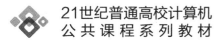

21世纪普通高校计算机
公共课程系列教材

大学计算机
实训教程（混合教学版）

◎ 向 华 主编

陈 刚 李支成 吴开诚 朱晓燕 邹秀斌 沈 宁 刘军波 副主编

清华大学出版社
北京

内 容 简 介

本书是线上线下混合教学模式的"大学计算机基础"课程的配套实验教材,内容包括计算机基础理论、计算机体系结构、计算机专业理论等计算机理论实验,以及计算机操作系统、Word 文字处理、Excel 表格处理、PowerPoint 演示文稿制作、网络与安全等操作型实验。

本书实验范例和实验练习包括基础、进阶、高阶三层不同难度,读者可以根据需要选择完成。本书配有课程教学平台和虚拟仿真实验平台,读者可以根据学习进度在线上自主完成实验和练习。

本书内容适合以应用型为主要目标的普通高等学校本科学生学习,也可以作为计算机初学者的自学用书。

本书封面贴有清华大学出版社防伪标签,无标签者不得销售。
版权所有,侵权必究。举报:010-62782989,beiqinquan@tup.tsinghua.edu.cn。

图书在版编目(CIP)数据

大学计算机实训教程:混合教学版/向华主编.—北京:清华大学出版社,2021.8(2025.1重印)
21 世纪普通高校计算机公共课程系列教材
ISBN 978-7-302-58878-8

Ⅰ.①大… Ⅱ.①向… Ⅲ.①电子计算机-高等学校-教材 Ⅳ.①TP3

中国版本图书馆 CIP 数据核字(2021)第 159573 号

责任编辑:贾　斌
封面设计:刘　键
责任校对:徐俊伟
责任印制:宋　林

出版发行:清华大学出版社
　　　　网　　址:https://www.tup.com.cn,https://www.wqxuetang.com
　　　　地　　址:北京清华大学学研大厦 A 座　　邮　编:100084
　　　　社 总 机:010-83470000　　邮　购:010-62786544
　　　　投稿与读者服务:010-62776969,c-service@tup.tsinghua.edu.cn
　　　　质量反馈:010-62772015,zhiliang@tup.tsinghua.edu.cn
　　　　课件下载:https://www.tup.com.cn,010-83470236
印 装 者:小森印刷霸州有限公司
经　　销:全国新华书店
开　　本:185mm×260mm　　印　张:11.25　　字　数:278 千字
版　　次:2021 年 9 月第 1 版　　印　次:2025 年 1 月第 6 次印刷
印　　数:16101~17800
定　　价:35.00 元

产品编号:090045-01

前　言

本书参照教育部高等学校大学计算机课程教学指导委员会《大学计算机基础课程教学基本要求》，根据当前高校非计算机专业对计算机通识型课程的教学要求，以及计算机等级考试对计算机应用技能的要求，为应用型普通高等学校非计算机专业学生的计算机通识型课程"大学计算机基础"编写的实验教材。

本书依托于本校国家级线上线下混合式一流课程"大学计算机基础"，经过几轮线上线下混合教学研究和实践，将计算思维融入实验教学，培养学生应用计算思维分析问题、解决问题的能力。

本书内容既包括计算机基础理论、计算机体系结构、计算机专业理论等计算机理论实验，也包括计算机操作系统、Word 文字处理、Excel 表格处理、PowerPoint 演示文稿制作、网络与安全等操作型实验，使读者将计算机理论和操作实践结合，能更有效地解决实际问题，真正使计算机成为将来专业发展的有力工具。

本书根据"大学计算机基础"课程教学内容分为 8 章，每章由若干实验项目组成，实验项目中包含实验目的、实验范例、实验练习和实验思考四部分内容。建议读者根据实验范例的讲解完成实验范例后，再自主完成对应实验练习。其中★、★★、★★★分别对应基础、进阶和高阶三层不同难度实验，读者可以根据自身水平和学习需求选择完成。实验思考主要是实验中的深层次、综合性问题，读者可以通过查阅相关资料和讨论，对学习内容进行深层次的分析和总结。本实验教材配套有对应的练习题库和虚拟仿真实验。

本书由江汉大学人工智能学院计算中心教学团队中长期任教的教师编写，具体分工如下：第 1 章陈刚，第 2 章李支成，第 3 章沈宁，第 4 章吴开诚，第 5 章向华（刘军波完成部分），第 6 章邹秀斌，第 7 章李支成，第 8 章朱晓燕。

限于时间仓促及作者水平，书中难免存在疏漏，恳请广大读者在使用过程中及时提出宝贵的意见与建议，谢谢！

作　者

2021 年 8 月

目　　录

第 1 章　计算机基础理论 ··· 1

　　实验项目　计算机代码 ··· 1
　　　　一、实验目的 ·· 1
　　　　二、实验范例 ·· 1
　　　　三、实验练习 ·· 4
　　　　四、实验思考 ·· 10

第 2 章　计算机体系结构 ··· 12

　　实验项目　计算机体系结构 ·· 12
　　　　一、实验目的 ·· 12
　　　　二、实验范例 ·· 12
　　　　三、实验练习 ·· 14
　　　　四、实验思考 ·· 15

第 3 章　计算机操作系统 ··· 16

　　实验项目　Windows 基本操作 ··· 16
　　　　一、实验目的 ·· 16
　　　　二、实验范例 ·· 16
　　　　三、实验练习 ·· 24
　　　　四、实验思考 ·· 25

第 4 章　Word 文档处理 ··· 26

　　实验项目一　Word 基本编辑 ··· 26
　　　　一、实验目的 ·· 26
　　　　二、实验范例 ·· 26
　　　　三、实验练习 ·· 31
　　　　四、实验思考 ·· 32
　　实验项目二　Word 格式设置 ··· 32
　　　　一、实验目的 ·· 32
　　　　二、实验范例 ·· 32

　　　　三、实验练习 ………………………………………………………… 51
　　　　四、实验思考 ………………………………………………………… 55
　实验项目三　Word 对象操作 ……………………………………………… 55
　　　　一、实验目的 ………………………………………………………… 55
　　　　二、实验范例 ………………………………………………………… 56
　　　　三、实验练习 ………………………………………………………… 71
　　　　四、实验思考 ………………………………………………………… 75

第 5 章　Excel 表格处理 …………………………………………………… 76

　实验项目一　表格基本操作 ………………………………………………… 76
　　　　一、实验目的 ………………………………………………………… 76
　　　　二、实验范例 ………………………………………………………… 76
　　　　三、实验练习 ………………………………………………………… 90
　　　　四、实验思考 ………………………………………………………… 92
　实验项目二　公式与函数 …………………………………………………… 93
　　　　一、实验目的 ………………………………………………………… 93
　　　　二、实验范例 ………………………………………………………… 93
　　　　三、实验练习 ……………………………………………………… 105
　　　　四、实验思考 ……………………………………………………… 109
　实验项目三　图表 ………………………………………………………… 109
　　　　一、实验目的 ……………………………………………………… 109
　　　　二、实验范例 ……………………………………………………… 109
　　　　三、实验练习 ……………………………………………………… 115
　　　　四、实验思考 ……………………………………………………… 117
　实验项目四　数据管理 …………………………………………………… 118
　　　　一、实验目的 ……………………………………………………… 118
　　　　二、实验范例 ……………………………………………………… 118
　　　　三、实验练习 ……………………………………………………… 129
　　　　四、实验思考 ……………………………………………………… 131

第 6 章　PowerPoint 演示文稿制作 …………………………………… 132

　实验项目一　演示文稿基本操作 ………………………………………… 132
　　　　一、实验目的 ……………………………………………………… 132
　　　　二、实验范例 ……………………………………………………… 132
　　　　三、实验练习 ……………………………………………………… 144
　　　　四、实验思考 ……………………………………………………… 147
　实验项目二　演示文稿高级操作 ………………………………………… 147
　　　　一、实验目的 ……………………………………………………… 147
　　　　二、实验范例 ……………………………………………………… 147

　　　　三、实验练习 ·· 154
　　　　四、实验思考 ·· 156

第 7 章　网络与安全 ·· 157

　　实验项目　网络与安全 ·· 157
　　　　一、实验目的 ·· 157
　　　　二、实验范例 ·· 157
　　　　三、实验练习 ·· 161
　　　　四、实验思考 ·· 162

第 8 章　计算机专业理论简介 ·· 163

　　实验项目　计算机专业理论简介 ·· 163
　　　　一、实验目的 ·· 163
　　　　二、实验范例 ·· 163
　　　　三、实验练习 ·· 167
　　　　四、实验思考 ·· 170

第1章 计算机基础理论

实验项目 计算机代码

一、实验目的

(1) 掌握计算机基本工作原理与实际应用形态。
(2) 理解计算机代码生成、安装、运行过程。
(3) 掌握二进制数、八进制数、十六进制数与十进制数相互转换方法。
(4) 掌握各种常用数据的二进制编码方案。
(5) 掌握中英文及各种数据的输入方法。
(6) 了解键盘字符与各种数据类型的转换。
(7) 了解 IEEE 二进制浮点数算术标准(IEEE 754)表示浮点数的方法。

二、实验范例

范例1：计算机的本质特征★

请在表 1.1 的对应功能项中打√,总结普通手机与智能手机的区别,并分析二者的功能不同的主要原因是什么,请写出不少于 3 条原因。

表 1.1 普通手机与智能手机的区别

功　能	普 通 手 机	智 能 手 机
打电话		
发短信		
玩游戏		
浏览互联网		
写文章		
银行转账		
使用 APP		

二者功能不同的原因：
1. _____
2. _____
3. _____

解析：

计算机有两个本质特征：电子驱动、存储控制。具有存储控制的机器是可编程的计算机，具有计算机的功能。

范例2：游戏的运行过程★

如果要在计算机 Windows 系统下玩游戏王者荣耀，游戏是程序员编写的游戏代码，然后需要经历游戏安装、游戏运行、游戏结束等几个阶段，请在表1.2中描述王者荣耀游戏程序代码在计算机中的形态和调用过程。

表1.2　计算机代码转换过程

环节	程序形态	计算机环境（请描述你认为程序需要的环境包括：网络、内存、外存、CPU、输入设备、输出设备等）
程序员编写的源程序	文本	源程序经过编译、连接后，变成为.exe可执行文件，与数据文件一起打包放在网络上
游戏安装	①	②
游戏运行	③	④
游戏结束	⑤	⑥

答题卡：

① _____
② _____
③ _____
④ _____
⑤ _____
⑥ _____

解析：

计算机中所有数据和指令都是二进制的。代码由程序员完成后经过相应的计算机编译系统编译为二进制文件，文件先存放到外存，需要时调入内存，称为进程，执行完成后从内存释放。

范例3：数据表示★

所有数据在计算机中都是用二进制表示的，请写出表1.3中对应数据的二进制数和十六进制数。

表1.3　数据的二进制数和十六进制数表示

数　据	二　进　制　数	十六进制数
用16bit表示十进制整数15	①	②
用16bit表示十进制整数−15	③	④
用8bit表示字符"A"	⑤	⑥
汉字"陈"的国标码为B3C2，区位码为	⑦	⑧
汉字"陈"的国标码为B3C2，机内码为	⑨	⑩

答题卡：
① _____
② _____
③ _____
④ _____
⑤ _____
⑥ _____
⑦ _____
⑧ _____
⑨ _____
⑩ _____

解析：
1. 有符号数值数据在计算机中以补码的形式存放。
2. 标准 ASCII 码是 7 位编码，一般用一字节存放，用 2 个十六进制数表示。
3. 国标码用 2 字节来表示 1 个汉字。国标码和区位码、机内码转换公式为：
   国标码－2020H＝区位码
   国标码＋8080H＝机内码

范例 4：英文输入练习★

We also optimized the performance of Blazor component rendering, particularly for UI involving lots of components, like when using high-density grids. To test the performance of grid component rendering in. NET 5，we used three different grid component implementations，each rendering 200 rows with 20 columns：Fast Grid：A minimal, highly optimized implementation of a grid Plain Table：A minimal but not optimized implementation of a grid. Complex Grid：A maximal, not optimized implementation of a grid，using a wide range of Blazor features at once, deliberately intended to create a bad case for the renderer. From our tests, grid rendering is 2-3x faster in . NET 5.

解析：
对于英文键盘的使用一定要熟练掌握指法，建议练到盲打水平。

范例 5：中文输入练习★★

对新标签页进行设置。在新标签页顶部选择"设置"，以更改内容和页面布局。(1)通过转到"设置"和"更多●＞设置"，在启动时＞设置主页。(2)你可以创建要与 MicrosoftEdge 一起使用的语言的列表，并在它们之间轻松切换。(3)通过转到"设置"和"更多※设置"@语言开始。在"首选语言"下，选择"添加语言"，然后选择你希望在Ｍｉｃｒｏｓｏｆｔｅｄｇｅ中轻松使用的语言。(4)你甚至可以使用Ｍｉｃｒｏｓｏｆｔｅｄｇｅ翻译以列表以外语言显示的页面。通过添加扩展名对Ｍｉｃｒｏｓｏｆｔｅｄｇｅ执行更多操作。√转到"设置"和"更多∠扩展"以打开"扩展"页面。除了 MicrosoftStore 以外，你现在还可以添加来自其他应用商店的扩展。例如，你可以添加 Honey 或 Grammarly。你可以跨多台设备(Mac、Android、iOS 和 Windows)安装和同步……若要更改同步设置，请转到"设置"和"更多「设置"々配置文件同步。

解析：

汉字录入请注意以下键盘切换要点，切忌单手操作。

- 中英文切换：Ctrl＋Space
- 中文输入法之间切换：Ctrl＋Shift
- 中英文标点切换：Ctrl＋.
- 全角半角切换：Shift＋Space
- 特殊符号使用：右击输入法的软键盘按钮，选择对应软键盘后输入。如图 1.1 所示。

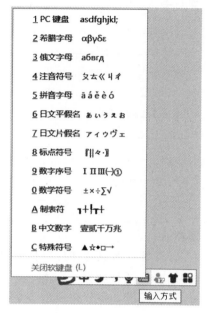

图 1.1　切换软键盘

三、实验练习

练习 1：请在以下设备中找出你认为具有计算机特征的设备。★

①智能电视、②科沃斯扫地机器人、③俄罗斯方块手持游戏机、④平板电脑、⑤智能手机、⑥智能音箱、⑦机顶盒、⑧空调柜机、⑨普通计算器、⑩电风扇、⑪电话座机、⑫门铃、⑬微波炉、⑭电冰箱、⑮电表、⑯无人驾驶汽车、⑰无人售票机、⑱无人机、⑲共享单车、⑳汽车、㉑地铁、㉒电动自行车、㉓交通信号灯、㉔机器人导游、㉕POS 机、㉖ATM 机、㉗无人售货机、㉘宣传栏、㉙课表、㉚学生证、㉛校园卡、㉜超算机、㉝PC、㉞笔记本、㉟智能交换机、㊱网线、㊲监控摄像头、㊳无线路由器、㊴硬盘、㊵U 盘、㊶SD 卡、㊷TF 卡、㊸耳机。

答题卡：

具有计算机功能的设备有（填编号）_____

练习 2：在 Visual Studio 2010 中新建一个 C 程序，输入如下代码并运行。请写出计算机代码在运行中从输入、处理、到输出的全过程。★

```
#include<stdio.h>
main()
{
  printf("Hello 姓名.");
}
```

C 语言源程序通过　①　生成目标文件，连接为可执行文件。

在计算机中，可执行文件是　②　文件。

可执行文件先放在　③　中，然后交给　④　处理，正在执行的程序，称为　⑤　。

答题卡：

① _____
② _____
③ _____
④ _____

⑤ _____

练习3：数据转换与存储。请填空。★

（1）计算机如果要计算十进制算式：20+(−9)。

　　有符号整数 20D 转为 16 位二进制机器数：___①___ B

　　有符号整数−9D 用 16 位二进制机器数表示为：___②___ B

　　相加运算后得到二进制数：___③___ B

　　转为十六进制为：___④___ H

　　转为八进制为：___⑤___ Q

　　转为十进制为：___⑥___ D

（2）如果西文字符'0'的 ASCII 码为 30H。

　　西文字符'9'的 ASCII 码为：___⑦___ H

　　转为二进制数是：___⑧___ B

　　转为八进制数是：___⑨___ Q

　　转为十进制数是：___⑩___ D

（3）汉字"景"的国标码是 0011 1110 0011 0000B。

　　对应十六进制国标码为：___⑪___ H

　　对应十六进制区位码为：___⑫___ H

　　对应二进制机内码为：___⑬___ B

　　对应十六进制机内码为：___⑭___ H

（4）如果汉字"景"采用如图 1.2 所示点阵字模表示,每个字模每行需要___⑮___字节存储字形信息,共___⑯___行,一共需要___⑰___字节存储景字模。

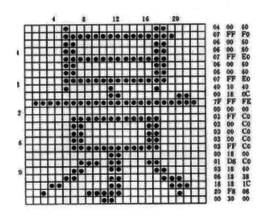

图 1.2 "景"字点阵

答题卡：

① _____

② _____

③ _____

④ _____

⑤ _____

⑥ _____
⑦ _____
⑧ _____
⑨ _____
⑩ _____
⑪ _____
⑫ _____
⑬ _____
⑭ _____
⑮ _____
⑯ _____
⑰ _____

练习 4：二进制数、八进制数、十进制数、十六进制数的转换。★★

请将整数 68.8 转为二进制数（保留小数 3 位）、八进制数、十六进制数。

```
2 | 68    ①           0.8
  |----  ⑪  ②         × 2
         ⑫  ③       ⑧    ⑱
         ⑬  ④         × 2
         ⑭  ⑤       ⑨    ⑲
         ⑮  ⑥         × 2
         ⑯  ⑦       ⑩    ⑳
         ⑰
```

68.8D = ____㉑____ B

答题卡：

① _____
② _____
③ _____
④ _____
⑤ _____
⑥ _____
⑦ _____
⑧ _____
⑨ _____
⑩ _____
⑪ _____
⑫ _____
⑬ _____
⑭ _____
⑮ _____
⑯ _____

⑰ _____
⑱ _____
⑲ _____
⑳ _____
㉑ _____

$$\begin{array}{r|l} 8 & 68 \quad ① \\ & \underline{⑦} \quad ② \\ & \underline{⑧} \quad ③ \\ & ⑨ \end{array} \qquad \begin{array}{r} 0.8 \\ \times\ 8 \\ \hline ④ \quad ⑩ \\ \times\ 8 \\ \hline ⑤ \quad ⑪ \\ \times\ 8 \\ \hline ⑥ \quad ⑫ \end{array}$$

68.8D = ___⑬___ Q

答题卡：

① _____
② _____
③ _____
④ _____
⑤ _____
⑥ _____
⑦ _____
⑧ _____
⑨ _____
⑩ _____
⑪ _____
⑫ _____
⑬ _____

$$\begin{array}{r|l} 16 & 68 \quad ① \\ & \underline{⑥} \quad ② \\ & ⑦ \end{array} \qquad \begin{array}{r} 0.8 \\ \times\ 16 \\ \hline ③ \quad ⑧ \\ \times\ 16 \\ \hline ④ \quad ⑨ \\ \times\ 16 \\ \hline ⑤ \quad ⑩ \end{array}$$

68.8D = ___⑪___ H

答题卡：

① _____
② _____
③ _____
④ _____
⑤ _____
⑥ _____

⑦ _____
⑧ _____
⑨ _____
⑩ _____
⑪ _____

练习 5：二进制数运算。★★

请将以下二进制数运算结果填在指定位置：11.11 * 10.1

$$\begin{array}{r} 11.11 \\ \times\ 10.1 \\ \hline ① \\ ② \\ ③ \\ \hline \end{array}$$

11.11B * 10.1B = ____④____ B

答题卡：

① _____
② _____
③ _____
④ _____

练习 6：英文输入练习 ★

This's a web installer. There are separate installers for web and offline installation. If you intend to redistribute either of these installers in the setup for your own product or application, we recommend that you choose the web installer because it is smaller and typically downloads faster. The web installer is a small package (around 1MB) that automatically determines and downloads only the components applicable for a particular platform. The web installer also installs the language pack matching the language of the user's operating system. This version of the ".NET Framework" runs side-by-side with the ".NET Framework 3.5 SP1" and earlier versions, but performs an in-place update for the .NET Framework 4, .NET Framework 4.5 and .NET Framework 4.5.1.

练习 7：中文输入练习（初级）★

电子邮件在 Internet 上发送和接收的原理可以很形象地用我们日常生活中邮寄包裹来形容：当我们要寄一个包裹时，我们首先要找到任何一个有这项业务的邮局，在填写完收件人姓名、地址等之后包裹就寄出而到了收件人所在地的邮局，那么对方取包裹的时候就必须去这个邮局才能取出。同样地，当我们发送电子邮件时，这封邮件是由邮件发送服务器（任何一个都可以）发出，并根据收信人的地址判断对方的邮件接收服务器而将这封信发送到该服务器上，收信人要收取邮件也只能访问这个服务器才能完成。

练习 8：中文输入练习（中级）★★

（一）在选择电子邮件服务商（IIS）之前我们要明白使用电子邮件的目的是什么，根据自己不同的目的有针对性地去选择。（二）如果经常和国外的客户联系，建议使用国外的电子邮箱。比如 Gmai、Hotmail、MSNmail、Yahoomail 等。（三）如果是想当作网络硬盘使用，经常存放一些图片资料等，那么就应该选择存储量大的邮箱，比如 Gmail、Yahoomail、网易163mail、126mail、yeahmail、TOMmail、21CNmail 等都是不错的选择。

练习 9：输入练习（综合）★★★

用户标识符＋@＋域名,其中：@是 at 的符号,表示"在"的意思☺。此处的 Domain_name 为域名的标识符,也就是邮件必须要交付到的邮件目的地的域名✉。而 Somebody 则是在该域名上的邮箱地址。◇后缀一般则代表了该域名的性质、代码。◆域名真正从技术上而言是一个邮件交换机,而不是一个机器名。♀常见的电子邮件协议有以下几种……：1. Simple Mail Transfer Protocol(SMTP)：SMTP 主要负责底层的邮件系统如何将邮件从一台机器传至另外一台机器。2. Post Office Protocol(POP)：POP3 是把邮件从电子邮箱中传输到本地计算机的协议。3. Internet Message Access Protocol(IMAP)：版本为 IMAP4,是 POP3 的一种替代协议,IM 协议可以记忆用户在脱机状态下对邮件的操作(例如移动邮件、删除邮件等)在下一次打开网络连接的时候会自动执行。

练习 10：ASCII 码与数值型数据转换。★★★

设从键盘输入的数据都是用 ASCII 码表示的,请参照图 1.3 所示 ASCII 码表完成表 1.4 中的转换过程,将转换前后的编码填写在表内(注意全部数据要求用十六进制表示)。

L\H	0000	0001	0010	0011	0100	0101	0110	0111
0000	NUL	DLE	SP	0	@	P	`	p
0001	SOH	DC1	!	1	A	Q	a	q
0010	STX	DC2	"	2	B	R	b	r
0011	ETX	DC3	#	3	C	S	c	s
0100	EOT	DC4	$	4	D	T	d	t
0101	ENQ	NAK	%	5	E	U	e	u
0110	ACK	SYN	&	6	F	V	f	v
0111	BEL	ETB	'	7	G	W	g	w
1000	BS	CAN	(	8	H	X	h	x
1001	HT	EM	)	9	I	Y	i	y
1010	LF	SUB	*	:	J	Z	j	z
1011	VT	ESC	+	;	K	[	k	{
1100	FF	FS	,	<	L	\	l	|
1101	CR	GS	-	=	M	]	m	}
1110	SO	RS	.	>	N	^	n	~
1111	SI	US	/	?	O	_	o	DEL

图 1.3 ASCII 码表

表 1.4 ASCII 码与各种类型数据的转换

键盘输入	ASCII 编码(H)	目标输出	转成编码类型	转换算法公式(H)
A	①	字符 A	ASCII 码	②
C	③	数值 68	数值型	④
E	⑤	字符 e	ASCII 码	⑥
48	⑦	数值 48	数值型	⑧
49	⑨	字符 1	ASCII 码	⑩

答题卡：

① _____
② _____
③ _____
④ _____
⑤ _____
⑥ _____
⑦ _____

⑧ _____

⑨ _____

⑩ _____

练习 11：浮点数的存储。★★★

IEEE 754 格式基础知识：

单精度 float 型数据存储在内存中时占用 4 个字节，即 32 位存储空间。具体存放规则如图 1.4 所示。

数符	阶码	尾数
x	xxxxxxxx	xxxxxxxxxxxxxxxxxxxxxxx
1bit	8bit	23bit

图 1.4　单精度浮点数存储规则

例如：将浮点数 0.5 转化成 32 位二进制浮点数的过程如下。

(1) 将 0.5 转换为二进制数 0.1B，并写成二进制的科学计数形式为：$1.0×2^{-1}$。此时由于小数点向右移了 1 位，所以指数 e=-1。

(2) 阶码 E 采用 127 偏移值的移码表示，即 E=e+127=126，所以阶码 E 的二进制码为 01111110。

(3) 尾数为将 1.0 去掉整数部分后在空余位置补 0，即 00000000000000000000000。

所以 0.5 的 32 位二进制浮点数为：0 01111110 00000000000000000000000。

下面请将单精度浮点数 125.5 转化成 32 位二进制浮点数：

_____

四、实验思考

(1) 浮点数 3.14 用 IEEE 754 标准单精度表示为二进制数，转换步骤如下：

首先，转二进制数 3.14D=11.0010001111010111000010100011111B，然后进行规格化处理：

S：0B。

e：0000 0001B+0111 1111B=1000 0000B(1+127=128)

M：10010001111010111000011B(由于第 24 位是 1，所以 23 位进位为 1)

然后，得到单精度数 0100 0000 0100 1000 1111 0101 1100 0011B。

请将这个数转换为十进制数。如果得到的结果跟 3.14 不同，请思考为什么？

(2) 请阅读以下资料，回答下面的问题。

① 习近平总书记指出，当今世界，科技革命和产业变革日新月异，数字经济蓬勃发展，深刻改变着人类生产生活方式，对各国经济社会发展、全球治理体系、人类文明进程影响深远。

② 美国全球大数据权威阿莱克斯·彭特兰(Alex Pentland)的研究发现，我们可以在不知道任何信息的具体内容的情况下，只通过研究社会网络中的信息交换模式获得惊人的生产力提升和预测准确率提高。

③ 国家发展改革委、教育部等 7 部委联合印发《关于促进"互联网+社会服务"发展的意见》，围绕扩大社会服务资源供给、实现社会服务均衡普惠、提高社会服务供给质量、激发

社会服务市场活力、优化社会服务发展环境等方面,提出一系列具体措施以促进社会服务数字化、网络化、智能化、多元化、协同化,更好惠及人民群众,助力新动能成长。

④ 在人类社会快速转型的进程中,网络化越来越像水和电一样成为人们生活的基础设施,特别是新冠肺炎疫情的全球肆虐,加速塑造了"一切在线、万物互联、扫码操作、单击支付"的生活方式。这表明,互联网平台已经不再只是一个虚拟空间,更不再只是充当传递信息的直通车,而是成为人们重构世界的驱动力,成为变革社会的转角石。

⑤ 简单地说万物互联就是每个物件(包括人在内)都装有传感器,即时将所收集的信息上传到各相关领域。

请描绘出你认为的未来社会形态是什么,二进制数与数字化之间的关系是什么?

第 2 章　计算机体系结构

实验项目　计算机体系结构

一、实验目的

(1) 掌握不同类型计算机硬件的功能,并能根据计算机硬件组成,选择各类型的配件,配置一台完整的计算机。
(2) 掌握组装计算机的过程,把不同类型的硬件组装成一台计算机。
(3) 理解计算机开机启动过程。
(4) 掌握操作系统的安装方法,包括安装操作系统前对硬盘进行分区操作,并安装 Windows 操作系统。
(5) 掌握软件的安装方法,能够自定义安装 Office 软件和程序设计软件 Visual Studio。
(6) 了解 Visual Basic 程序开发流程。

二、实验范例

范例 1：配置计算机★

从表 2.1 所示的计算机硬件中选取一套正确的 CPU、主板和内存组合。

表 2.1　计算机部分硬件列表

	型号	接口类型	
CPU	英特尔(Intel)i3-10100F	INTEL LGA1200	
	英特尔(Intel)i3-9100	INTEL 1151	
	AMD 锐龙 5 3400G	AMD AM4	
	品牌	型号	容量
内存	金士顿(Kingston)	DDR3 1600	8GB
	金士顿(Kingston)	DDR4 2666	8GB
	型号	CPU 接口	内存标准
主板	七彩虹(Colorful)H81M	INTEL LGA1150	DDR3 1333 DDR3 1600
	技嘉 B460M	INTEL LGA1200	DDR4 2666

操作步骤：

(1) 在配置电脑过程中,需要 CPU 接口和主板支持的 CPU 接口一致,且内存标准和主板支持的内存标准一致。根据这个原则可以选出 CPU 型号为"英特尔(Intel)i3-10100F",主板型号为"技嘉 B460M"。

(2) 再根据主板"技嘉 B460M"支持的内存标准选择内存型号为"金士顿(Kingston) DDR4 2666 8GB"。这样就得到了一套正确的 CPU、主板和内存组合：英特尔(Intel)i3-10100F,技嘉 B460M,金士顿(Kingston) DDR4 2666 8GB。

范例 2：安装应用软件★

自定义安装软件"360 压缩",要求将软件安装到 D:\Program Files\360zip 文件夹中。

操作步骤：

(1) 下载安装文件 360zip_setup.exe。

(2) 鼠标双击运行 360zip_setup.exe,在安装窗口中选择"自定义安装",如图 2.1 所示。

图 2.1　360 压缩程序安装开始界面

(3) 在安装设置界面中将安装目录修改为 D:\Program Files\360zip,勾选界面左下角的"阅读并同意许可协议和隐私保护"复选框,如图 2.2 所示。单击"立即安装"按钮,将程序安装到硬盘中。安装成功后即可使用。

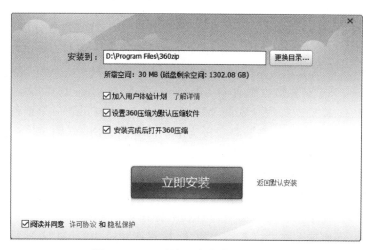

图 2.2　360 压缩程序安装设置界面

三、实验练习

练习1：从计算机硬件库中选择不同硬件配置一台计算机。要选择的硬件类型主要包括：CPU、主板、内存、硬盘(固态硬盘,普通硬盘)、显卡、机箱、电源、显示器、鼠标、键盘、音箱。配置具体要求如下。★

(1) 注意主板和CPU、内存之间的匹配问题。其中必须选定的配件类型包括CPU、主板、内存显卡、硬盘、机箱、电源、显示器、鼠标键盘。

(2) 所有硬件价格加起来不能超过指定的价格。

练习2：按组装顺序选择配件,组装一台计算机。★★

(1) 首先放入机箱。

(2) 将主板装入机箱。

(3) 将CPU插到主板上的CPU插槽。

(4) 将内存插到主板上的内存插槽。

(5) 将独立显卡插到主板上的显卡插槽。

(6) 安装硬盘到机箱,并连接到主板的硬盘接口。

(7) 连接显示器和主机箱显示器接口。

(8) 连接音箱,鼠标,键盘。

其中,(3)(4)步骤的顺序可以乱序。

练习3：按下计算机的开机按钮,观察计算机的开机过程。★★★

计算机开机过程如下：按下开机按钮后CPU正常工作,BIOS系统执行POST自检,自检通过后按照"启动顺序"把控制权转交给排在第一位的存储设备：硬盘,并在硬盘里寻找主引导记录的分区。主引导记录(MBR)告诉计算机操作系统的位置,即去硬盘的哪个分区才能找到操作系统。找到操作系统后,BIOS的任务完成,转入操作系统的工作。操作系统加载到内存中,CPU读取内存中的操作系统程序并执行,显示Windows启动界面。最后进入Windows桌面,完成开机过程。

练习4：按以下要求安装操作系统Windows 10。★

(1) 从U盘启动对Windows 10操作系统进行安装。

(2) 安装过程中,对硬盘进行分区,要求硬盘分区为C、D、E,各分区容量大小分别为200 000MB、300 000MB、456 000MB。并且设置操作系统安装到C盘中。

练习5：按照以下要求安装软件Office 2016和Visual Studio 2010。★★

(1) 将Office 2016安装路径设为D:\Program Files\Office 16目录。

(2) Office 2016需要选择完全安装Word、Excel、PowerPoint三个组件。

(3) 将Visual Studio 2010安装路径设为D:\Program Files\Visual Studio 2010目录。

(4) Visual Studio 2010需要选择安装C++、VB、C♯三个组件。

练习6：按以下要求开发一个简单程序,了解程序设计基本流程。★★★

在Visual Basic程序编辑器中开发程序,功能为计算两个数相加之和,并在界面上显示计算结果。打开VB程序编辑器界面中进行如下操作：

(1) 在窗体上添加三个文本框和一个按钮,按钮标题设为"计算"。

(2) 添加标签"+"和"=",并设置标签标题。

(3) 添加代码：text3=text1+text2。

(4) 单击编译运行按钮，运行程序。

(5) 在程序运行窗口中的文本框中输入数值 2 和 3，单击按钮，程序运行显示计算结果。

四、实验思考

(1) 如何查看 Windows 10 操作系统版本是 32 位还是 64 位？

(2) 普通硬盘和普通固态硬盘的读写速度分别是多少？

(3) CPU 性能指标中，多核和多线程有什么区别？

(4) 高级语言源文件编译执行和翻译执行有什么区别？哪些语言是翻译执行的？

第 3 章　　计算机操作系统

实验项目　Windows 基本操作

一、实验目的

(1) 理解操作系统树形目录结构。
(2) 理解文件在磁盘中的存储方式。
(3) 掌握操作系统中打开、新建、删除、复制、移动、重命名文件的操作过程。
(4) 了解对磁盘中误删除文件进行恢复的原理,提高信息安全的意识。
(5) 掌握操作系统管理应用程序的基本方法,能熟练安装和卸载应用程序。
(6) 了解进程的概念。能运用任务管理器查看和结束进程。
(7) 了解虚拟内存的基本原理。

二、实验范例

所有实验范例均在资源管理器中打开 TEST-C 文件夹进行操作。

范例 1：新建文件及文件夹★

(1) 在 TEST-C2 文件夹中创建新文件夹 TEST-C22。
(2) 在 TEST-C2 文件夹中新建文本文件"江汉大学"。

操作步骤：

(1) 方法一：打开文件夹 TEST-C2,右击文件夹视图的空白处,在弹出的快捷菜单中选择"新建"→"文件夹",如图 3.1 所示。系统创建一个名为"新建文件夹"的新文件夹并处于修改该文件夹名称状态。在"新建文件夹"名称编辑框输入 TEST-C22 后回车。

图 3.1　快捷菜单中的"新建文件夹"命令

方法二：打开文件夹 TEST-C2，在文件资源管理器功能区"主页"选项卡"新建"组中单击"新建文件夹"按钮也可以新建文件夹。

（2）方法一：打开 TEST-C2 文件夹，右击文件夹中的空白处，将鼠标指向快捷菜单中的"新建"，在展开的二级菜单中选择要新建的文件类型"文本文档"。系统创建一个名为"新建文本文档"的文本文件并处于修改该文件主文件名状态。在文件名编辑框中输入新文件名称"江汉大学"，回车确认。

方法二：打开 TEST-C2 文件夹，单击文件资源管理器功能区"主页"选项卡"新建"组中的"新建项目"按钮，选择文件类型为"文本文档"，如图 3.2 所示，也可以新建文本文档。

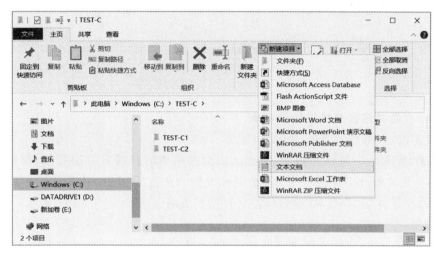

图 3.2 "新建项目"按钮

范例 2：重命名文件★

将文件夹 TEST-C11 改名为 TEST-C13。

操作步骤：

方法一：右击要重命名的文件夹 TEST-C11，在弹出的快捷菜单中选择"重命名"选项，在文件名编辑框中输入新名称 TEST-C13，回车确认。

方法二：选择文件夹后，单击文件资源管理器功能区"主页"选项卡"组织"组中的"重命名"按钮，或者先选定要重命名的文件夹，再在该文件夹名称上单击，对文件夹重命名。

范例 3：查找文件或文件夹★

在 TEST-C 文件夹中查找文件 GZ.txt。

解析：查找文件或文件夹之前首先要确定搜索范围，再进行查找。文件的扩展名.txt 说明该文件的类型为文本文档。

操作步骤：

方法一：在文件资源管理器中选择 TEST-C 文件夹，确定当前的搜索范围。在文件资源管理器右上角的搜索框中输入 GZ，搜索结果将在下方窗格中显示，如图 3.3 所示。在搜索结果中有多个文件名为 GZ 的文件，其中文本文件 GZ 才是要找的目标文件。

方法二：直接在文件资源管理器右上角的搜索框中输入 GZ.txt，其他类型的文件就被排除在外，最终只搜索出文本文件 GZ。

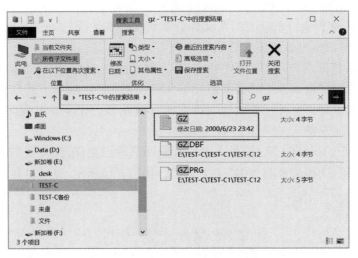

图 3.3　文本文件 GZ 的搜索结果

范例 4：查看并修改文件的扩展名★

将文件 GZ.txt 的扩展名改为 GZ.docx。

解析：在 Windows 默认设置中，系统已知文件类型的扩展名是隐藏的，例如文本文件不显示.txt。想要修改文件的扩展名，必须修改默认的显示设置，让文件的扩展名显示出来，再找到该文件并用"重命名"命令修改文件的扩展名。

操作步骤：

（1）方法一：单击文件资源管理器功能区"文件"选项卡中的"更改文件夹和搜索选项"命令，打开"文件夹选项"对话框。另外，单击"查看"选项卡中的"选项"按钮，也能打开"文件夹选项"对话框。在"文件夹选项"对话框中选择"查看"选项卡，在"高级设置"选项表中取消"隐藏已知文件类型的扩展名"复选框，显示所有文件的扩展名，如图 3.4 所示。

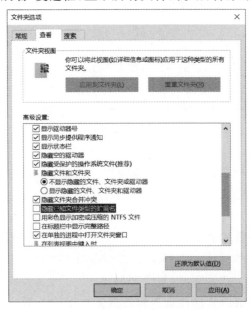

图 3.4　"文件夹选项"对话框

方法二：直接选中文件资源管理器功能区"查看"选项卡"显示/隐藏"组中的"文件的扩展名"复选框，如图 3.5 所示。

图 3.5　"查看"选项卡的"显示/隐藏"组

(2) 使用范例 3 中的搜索方法找到文件 GZ.txt。右击搜索结果窗格中的 GZ.txt 文件，在弹出的快捷菜单中选择"重命名"选项，在文件名称框里输入新的扩展名.docx 完成操作。

注意：如果要修改某文件的类型，一般不会直接修改文件的扩展名，而是在保存该文件时使用"另存为"命令，在"另存为"对话框中选择新的文件类型，得到不同文件类型的文件。

范例 5：复制文件或文件夹★

将文件 README.txt 复制到文件夹 TEST-C2 中。

操作步骤：

(1) 先搜索文件 README.txt。在文件资源管理器中选择 TEST-C 文件夹，确定搜索范围。在文件资源管理器右上角的搜索框中输入 README.txt，搜索结果将在下方窗格中显示。

(2) 单击选中被搜索到的文件 README.txt，选择以下方法中的一种，执行复制操作，将文件复制到剪贴板中。

- 单击文件资源管理器"主页"选项卡"剪贴板"组中的"复制"按钮。
- 右击文件，在弹出的快捷菜单中选择"复制"选项。
- 按快捷键 Ctrl+C 进行复制。

(3) 定位到目标文件夹 TEST-C2 下，选择以下方法中的一种，将剪贴板中的文件粘贴到目标文件夹中。

- 单击文件资源管理器的"主页"选项卡"剪贴板"组中的"粘贴"按钮。
- 右击目标文件夹内的空白处，在弹出的快捷菜单中选择"粘贴"选项。
- 按快捷键 Ctrl+V 进行粘贴。

注意：除了执行"复制""粘贴"命令外，还可以用拖动的方法复制文件，规则如下：

- 不同盘符间左键拖动文件表示复制。
- 不论是否跨盘符，按住 Ctrl 键+鼠标左键拖动到目标位置表示复制。
- 按住右键拖动文件到目标位置，释放时，弹出的菜单选"复制到当前位置"也可以复制。

范例 6：移动文件或文件夹★

将文件夹 TEST-C2 中的所有文件和文件夹移动到文件夹 TEST-C12 中。

操作步骤：

(1) 双击打开源文件夹 TEST-C2，对它包含所有的项目进行"全选"操作，可以采用以下方法：

- 在文件列表中，单击第一个文件，按住 Shift 键，再单击最后一个文件。
- 拖动鼠标指针，在要包括的所有项目外围画一个矩形框进行选择。
- 单击"主页"选项卡"选择"组中的"全部选择"按钮。
- 按快捷键 Ctrl+A 全选。

（2）执行剪切操作，可以采用以下方法：
- 单击"主页"选项卡"剪贴板"组中的"剪切"按钮。
- 右击文件，在弹出的快捷菜单中选择"剪切"选项。
- 按快捷键 Ctrl+X 剪切。

（3）进入目标文件夹 TEST-C12，执行粘贴操作，可以采用以下方法：
- 单击"主页"选项卡"剪贴板"组中的"粘贴"按钮。
- 在目标文件夹内的空白处右击，在弹出的快捷菜单中选择"粘贴"选项。
- 按快捷键 Ctrl+V 进行粘贴。

注意：除了执行"剪切""粘贴"命令外，还可以用拖动的方法移动文件，规则如下：
- 同盘符内文件夹之间左键拖动文件代表移动。
- 不论是否跨盘符，按住 Shift 键+左键拖动表示移动。
- 按住右键拖动文件到目标位置，释放时，在弹出的菜单中选择"移动到当前位置"。

范例 7：删除文件或文件夹★

删除文件夹 TEST-C121。

操作步骤：

选中文件夹 TEST-C121，执行删除操作，可以采用以下方法：
- 单击"主页"选项卡"组织"组中的"删除"按钮，执行"回收"命令，如图 3.6 所示。
- 右击文件夹，在弹出的快捷菜单中选择"删除"选项。
- 按 Del 键。

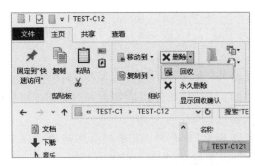

图 3.6 "主页"选项卡"组织"组中的"删除"按钮

注意：如果是永久删除文件夹，可以采用以下方法。
- 单击"主页"选项卡"组织"组中的"删除"按钮，执行"永久删除"命令。
- 右击文件夹，按 Shift 键的同时在弹出的快捷菜单中选择"删除"选项。
- 同时按键盘上的组合键 Del+Shift。

范例 8：查看隐藏的文件或文件夹★

将文件夹 user 设置为隐藏状态，但是用户能看到隐藏的文件夹 user。

解析：隐藏文件夹和隐藏文件的方法相同。文件夹被隐藏后，用户想要查看隐藏文件夹,需要先显示文件夹,再进行设置。

操作步骤:

(1) 方法一:右击文件夹 user,在弹出的快捷菜单中选择"属性"选项,选中"属性"对话框的"隐藏"复选框,如图 3.7 所示。单击"确定"按钮,该文件夹被隐藏。

图 3.7 设置文件"隐藏"属性

方法二:直接单击"查看"选项卡"显示/隐藏"组中的"隐藏所选项目",将文件夹隐藏。

(2) 方法一:选择文件资源管理器"文件"选项卡下的"选项"命令,打开"文件夹选项"对话框,在"查看"选项卡下的"高级设置"选项列表中选择"显示隐藏的文件、文件夹和驱动器"。单击"确定"按钮,文件夹 user 以半透明效果显示。

方法二:直接选中"查看"选项卡"显示/隐藏"组中的"隐藏的项目"复选框,显示隐藏文件夹,如图 3.8 所示。

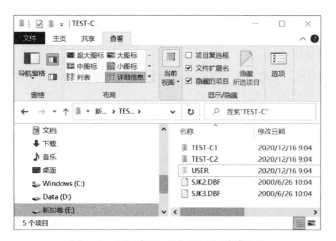

图 3.8 "查看"选项卡"显示/隐藏"组

范例 9：压缩和解压★

（1）将 TEST-C 文件夹内所有的文件和文件夹压缩成文件 TEST-C.zip。
（2）将文件 TEST-C.zip 解压，生成文件夹 TEST-C 拷贝。
（3）将 TEST-C 文件夹内所有的文件和文件夹压缩成文件 TEST-C.rar。
（4）将文件 TEST-C.rar 解压，生成文件夹 TEST-C 拷贝。

解析：不同格式的压缩文件的处理方法并不相同。Windows 10 自带压缩和解压功能，但仅支持 zip 格式的压缩和解压，当对其他格式的压缩文件进行处理时，操作系统需要安装 WinRAR、360 压缩等压缩软件。

操作步骤：

（1）双击打开 TEST-C 文件夹，按组合键 Ctrl+A 将 TEST-C 文件夹内所有的对象全部选中，单击"共享"选项卡"发送"组中的"压缩"按钮，将生成的压缩文件命名为 TEST-C.zip，如图 3.9 所示。

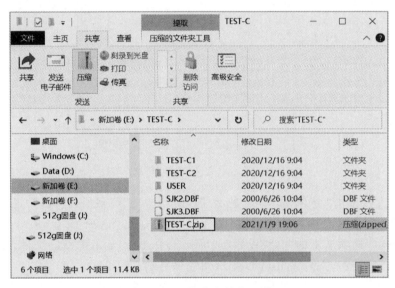

图 3.9　zip 格式文件的压缩

（2）选中文件 TEST-C.zip，单击"压缩的文件夹工具"选项卡下的"全部解压缩"按钮，在弹出的对话框中指定提取的目标文件夹为 TEST-C\TEST-C 拷贝，单击"提取"按钮，如图 3.10 所示，将 zip 文件解压。

（3）双击打开 TEST-C 文件夹，按组合键 Ctrl+A 将 TEST-C 文件夹内所有的对象全部选中。右击被选中的所有对象，选择"添加到压缩文件"，输入压缩文件的名称 TEST-C.rar，在压缩文件格式单选框中选择 RAR，如图 3.11 所示。单击"确定"按钮创建压缩文件。

（4）右击压缩文件 TEST-C.rar，在弹出的快捷菜单中选择"解压文件"，在"解压路径和选项"对话框里设置解压路径为 TEST-C\TEST-C 拷贝，如图 3.12 所示。单击"确定"按钮完成解压。

注意：快捷菜单里跟解压功能有关的选项有多个，不同选项之间的区别主要在于解压后的文件是否被包含在一个新文件夹里以及所在位置的不同，根据不同的需求可以选择不同的选项。

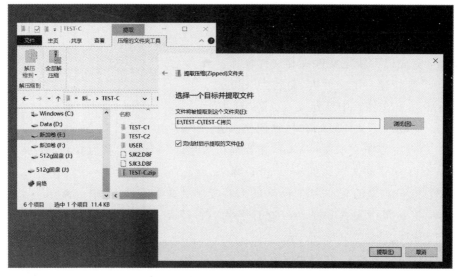

图 3.10　zip 格式文件的解压

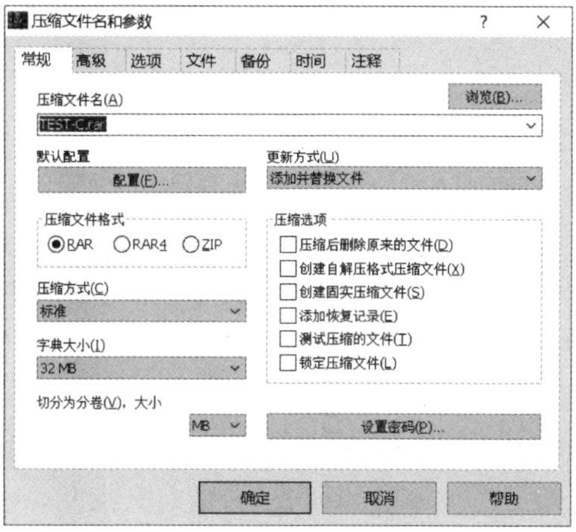

图 3.11　设置压缩文件名和文件格式

图 3.12　设置解压的文件夹名

三、实验练习

练习1：完成以下新建文件夹和文件操作。★
(1) 在 C 盘新建一个文件夹,命名为 folder。
(2) 在 folder 文件夹中新建文本文件"江大"。

练习2：完成以下文件复制和移动操作。★
(1) 在 C 盘中复制文本文件 user,在当前位置生成一个文件名为 user2 的文本文件。
(2) 从 C 盘中移动文本文件 user 到 D 盘。

练习3：将 C 盘中的文本文件 user 的内容复制到文本文件 ad 中。★

练习4：将 C 盘中文本文件 user 重命名为"用户"★。

练习5：删除文本文件 user。★

练习6：搜索计算机 C 盘中的所有文本文件。★

练习7：将 C 盘中的 hidden 文件夹属性设置为"隐藏"。要求隐藏后用户依然能看到此文件夹。★

练习8：设置文件资源管理器显示文件的扩展名,使 C 盘中的文本文件"江大"显示为"江大.txt"。★

练习9：完成以下压缩和解压缩操作。★
(1) 将文件夹 user 压缩成 user.rar 压缩文件。
(2) 将"用户.rar"文件解压,解压后产生文件夹"用户",里面含有解压后的所有文件。

练习10：卸载计算机中已安装的 Office2016、火狐浏览器,搜狗输入法。★★

练习11：使用附件中的截图和画图程序,完成以下操作。★★
(1) 截取桌面画面。
(2) 将截取的画面粘贴到画图程序中,缩小一半,保存为 desktop.jpg。

练习12：文件 user.docx 已被删除到回收站,请将其恢复,并回答下面的问题。★★★
硬盘上的某文件被彻底删除后,下列情况请问还能有机会恢复吗?
(1) 文件被删除后,硬盘没有再进行读写操作。
(2) 文件被删除后,在该文件目录当中反复多次写入文件,并用进行磁盘碎片整理工作。

练习13：阅读完题目后,请在表 3.1 中填写应用程序 A 和 B 的虚拟内存、物理内存分配地址。★★★

在 Windows 内存管理中,使用虚拟内存地址技术,它使应用程序看起来拥有连续完整的内存空间,而实际上,程序使用的物理内存通常是被分隔成多个不连续的片段,有的部分还暂存在外部磁盘存储器上,在需要时进行数据交换。

例如系统要为应用程序 A 和应用程序 B 分配内存空间。从用户和程序的角度来看,系统程序 A 和程序 B 分别分配了一块连续的且相互独立的内存空间。而实际上程序 A、B 被分配的物理内存块是不连续的,如图 3.13 所示。根据图 3.13 内存分配图,模拟 CPU 访问内存的过程,填写表 3.1 中的虚拟内存地址及物理内存地址。

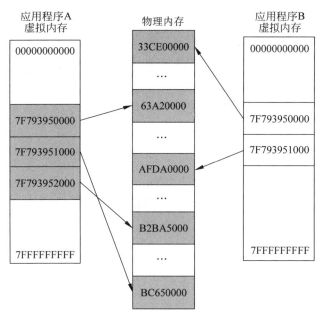

图 3.13 应用程序 A、B 的内存分配

表 3.1 虚拟内存地址转换

应用程序	虚拟内存地址(逻辑地址)	实际内存地址(物理地址)
A	7F793950000	63A20000
B	7F793950000	

练习 14：如果一个 C 语言源程序在 VC 环境中运行时处于卡死状态，无法正常关闭程序。请利用任务管理器将此未响应程序强制关闭。★★★

四、实验思考

（1）文本文件能在 Word 环境下打开吗？如何设置能在双击打开文本文件时，系统启动 Word，并在 Word 中打开该文本文件？反之，Word 文档能在记事本里打开吗？

（2）文件的扩展名代表了文件的类型，如果要改变文件的类型，是否可以直接通过修改文件扩展名完成？

（3）在 U 盘中删除了某个文件后，该文件有没有可能恢复？

（4）小王在整理计算机里的文件，他发现把一个 10GB 大小的文件从 D 盘移动到 E 盘时，速度很慢，而如果将该文件在 E 盘不同的文件夹内移动时的速度又很快，请思考原因。

（5）查看系统中任意文件的属性，观察文件大小和占用空间大小，为什么文件占用空间大小总是大于文件大小？

第 4 章　Word 文档处理

实验项目一　Word 基本编辑

一、实验目的

(1) 理解 Word 文档的基本概念,掌握在 Word 中录入文本,保存文档的方法。
(2) 掌握 Word 中常用选项的设置方法。
(3) 理解模板的概念,能使用模板快速创建文档。
(4) 掌握 Word 文档基本编辑方法,能熟练在文档中插入、复制、移动、删除文字、段落。
(5) 掌握在文档中查找和替换文字的基本方法。了解带格式的查找替换和通配符的作用。

二、实验范例

范例 1：文本录入和保存★

新建一个 Word 文档,输入文本信息"只有在进入大学后,保持高中阶段的学习节奏,才能找到好工作。"将文档分别保存为 Word 文档 WF1-1.docx、PDF 文件 WF1-1.pdf、网页文件 WF1-1.htm 和纯文本文件 WF1-1.txt。

操作步骤：

(1) 启动 Word,在文档编辑区域输入题干中要求的文字内容。
(2) 单击"文件"选项卡中的"另存为"命令,单击"浏览"按钮,在"另存为"对话框中设置文件保存位置,在文件名文本框中输入 WF1-1。单击保存类型下拉列表,分别选择保存类型为"Word 文档(＊.docx)""PDF(＊.pdf)""网页(＊.htm)""纯文本(＊.txt)",如图 4.1 所示。单击"保存"按钮保存文件。

范例 2：Word 选项设置★

取消素材文件 WF1-2.docx 中自动将内容为网络地址的文字替换为蓝色带下画线的超链接。

操作步骤：

(1) 打开素材文档 WF1-2.docx。
(2) 单击"文件"选项卡中的"选项"命令,在弹出的"Word 选项"对话框中单击"校对"选项中的"自动更正选项"按钮。在"自动更正"对话框的"键入时自动套用格式"选项卡中,取消选择"Internet 及网络路径替换为超链接"复选框。依次单击"确定"按钮完成设置,如图 4.2 所示。

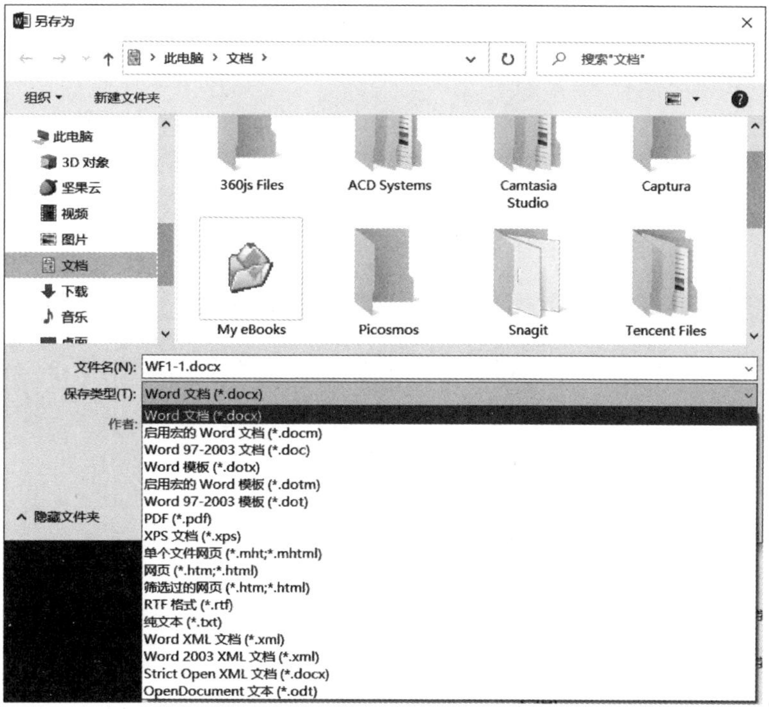

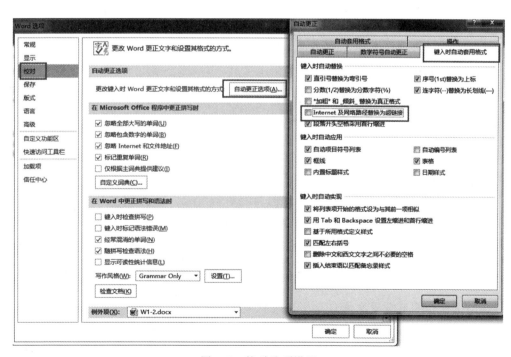

图 4.1 "另存为"对话框

图 4.2 校对选项设置

(3) 在打开的素材文档中,输入信息 www.jhun.edu.cn,文本不再显示为超链接样式。
(4) 单击快速访问工具栏中的"保存"按钮,保存文件。

范例 3：导入文件中的内容★

打开素材文件 WF1-3.docx，用文件导入的方式将文件"WF1-3-1.docx"中的内容插入到素材文件中，完成后保存文件。

操作步骤：

(1) 打开素材文档 WF1-3.docx。

(2) 单击"插入"选项卡"文本"组"对象"按钮右侧的三角形，执行"文件中的文字"命令，在弹出的"插入文件"对话框中选择文件"WF1-3-1.docx"插入到当前文档，如图 4.3 所示。

图 4.3　插入对象-文件中的文字

(3) 单击快速访问工具栏中的"保存"按钮，保存文件。

范例 4：段落交换★

打开素材文件 WF1-4.docx，交换第 2 段和第 4 段，完成后保存文件。

操作步骤：

(1) 打开素材文档 WF1-4.docx。

(2) 选中第 2 段内容，在选中的内容区域右击，在弹出的快捷菜单中选择"剪切"（Ctrl+X）。

(3) 将光标定位到第 4 段之前，右击，在弹出的快捷菜单中选择"粘贴"（Ctrl+V）。将原第 2 段内容移动到第 4 段。

(4) 采用相同的方法将原第 4 段内容移动到第 2 段。

(5) 保存文件。

范例 5：文本内容替换★

打开素材文件 WF1-5.docx，将文件中除标题文字以外的"健身"替换为 physical exercise。完成后保存文件。

操作步骤：

(1) 打开素材文档 WF1-5.docx。

(2) 选中文档中除标题外的所有文字内容。单击"开始"选项卡"编辑"组中的"替换"按钮，在"查找和替换"对话框中切换到"替换"选项卡，在"查找内容"文本框中输入"健身"，在"替换为"文本框中输入 physical exercise，如图 4.4 所示，单击"全部替换"按钮。完成后，系统将弹出对话框询问是否搜索文档剩余部分，单击按钮"否"，完成替换操作。

(3) 保存文件。

范例 6：字符格式替换★★

打开素材文件 WF1-6.docx，删除段落间多余的段落标记，将括号和括号中的字符格式批量修改为"红色、加粗、楷体"，完成后保存文件。完成后的效果如图 4.5 所示。

操作步骤：

(1) 打开素材文档 WF1-6.docx。

(2) 单击"开始"选项卡"编辑"组中的"替换"按钮，在"查找和替换"对话框中切换到"替

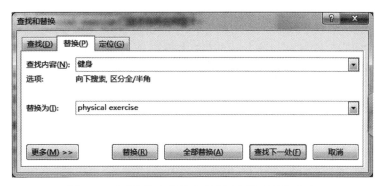

图 4.4　在“查找和替换”对话框中设置替换文字

AI 时代的摩尔定律
1965 年，时任仙童半导体公司工程师，也是后来英特尔的创始人之一的戈登·摩尔（Gordon Moore）提出了摩尔定律（Moore's law），预测集成电路上可以容纳的晶体管数目大约每经过 24 个月便会增加一倍。
后来广为人知的每 18 个月芯片性能将提高一倍的说法是由英特尔 CEO 大卫·豪斯（David House）提出。过去的半个多世纪，半导体行业按照摩尔定律发展，并驱动了一系列的科技创新。
有意思的是，在摩尔定律放缓的当下，以全球另一大芯片公司英伟达（NVIDIA）创始黄仁勋（Jensen Huang）名字命名的定律“黄氏定律（Huang's Law）”对 AI 性能的提升作出预测，预测 GPU 将推动 AI 性能实现逐年翻倍。
英特尔提出了摩尔定律，也是过去几十年最成功的芯片公司之一。英伟达作为当下最炙手可热的 AI 芯片公司之一，提出黄氏定律是否也意味着其将引领未来几十年芯片行业的发展？

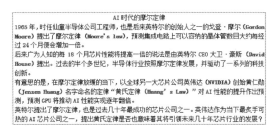

图 4.5　范例 6 完成效果

换”选项卡，单击“更多”按钮。在展开的选项中单击“特殊格式”按钮，选择 2 次“段落标记”，“查找内容”文本框中将填入 2 个段落标记(^p)。单击“替换为”文本框，采用同样方法填入 1 个段落标记，如图 4.6 所示。单击“全部替换”按钮，删除多余的段落标记。

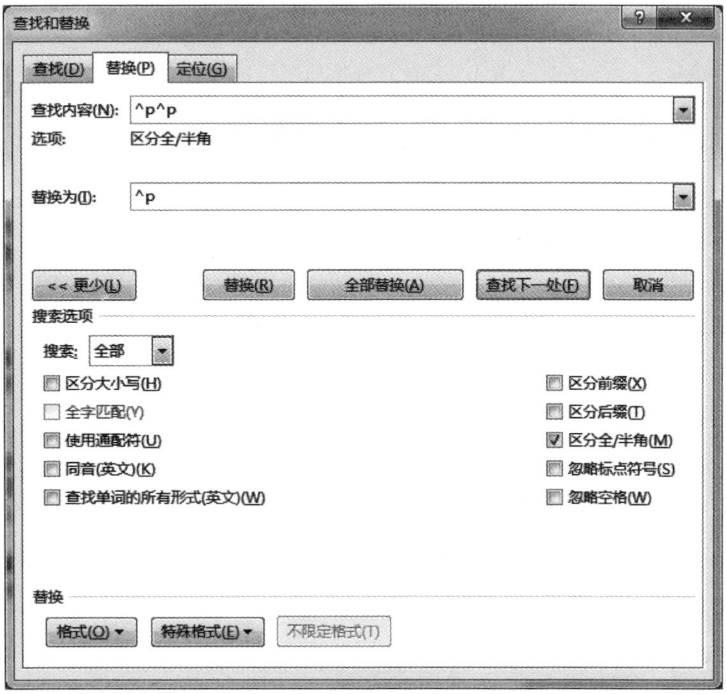

图 4.6　将 2 个段落标记替换为 1 个段落标记

（3）单击"开始"选项卡"编辑"组中的"替换"按钮，在"查找和替换"对话框中切换到"替换"选项卡，单击"更多"按钮，在"查找内容"文本框中输入中文括号以及通配符＊。勾选搜索选项中的"使用通配符"复选框。鼠标定位到"替换为"文本框中，单击对话框左下角的"格式"按钮，执行"字体"命令。在弹出的"查找字体"对话框中设置中文字体为"楷体"，字体颜色为"标准色-红色"，字形为"加粗"，如图4.7所示。单击"确定"按钮，完成后返回"查找和替换"对话框。此时"替换为"文本框下方将显示设置的格式描述，如图4.8所示。单击"全部替换"按钮，完成字符格式替换。

图4.7 设置替换的字符格式

图4.8 字符格式替换

注意：除了"替换为"文本框中可以设置格式以外，"查找内容"文本框中也可以设置格式。设置后，系统将只查找符合格式要求和查找内容的文字。如果要取消"查找内容"和"替换为"文本框中的格式设置，可以先将鼠标定位到对应的文本框中，再单击对话框下方的"不限定格式"按钮，取消设定的格式。

三、实验练习

练习1：新建一个Word文档，录入如图4.9中的文字，将文件分别保存为Word文档WL1-1.docx、纯文本文件WL1-1.txt、PDF文件WL1-1.pdf和网页文件WL1-1.htm。★

练习2：打开素材文档WL1-2.docx，取消Word中的拼写检查和在文档中显示语法错误标记，完成后文档WL1-2.docx中的红色波浪线消失。★

练习3：打开素材文档WL1-3.docx，在文档中插入另一个文档"待插入的文档.docx"的内容，完成后，文档WL1-3.docx中的内容如图4.10所示。★

只有在进入大学后，保持高中阶段的学习节奏，才能找到好工作。

中国人民在对抗2020年新冠病毒的战役中，取得了伟大的胜利。

图4.9　练习1完成效果图　　　　图4.10　练习3完成效果图

练习4：打开素材文档WL1-4.docx，将文档中的第1段和第3段交换位置，完成后保存文档。★

练习5：打开素材文档WL1-5.docx，将文档中的"AI"替换为"人工智能"，去掉多余的段落回车符。完成后保存文档。★

练习6：打开素材文档WL1-6.docx，将文档中的"商务印书馆"替换为红色三号的仿宋字体，将所有书名号中的内容替换为蓝色三号加粗的楷体字体，完成效果如图4.11所示。完成后保存文档。★★

商务印书馆（英文名称：The Commercial Press，简称CP）是中国出版业中历史最悠久的出版机构。1897年创办于上海，1954年迁北京。与北京大学同时被誉为"中国近代文化的双子星"。

商务印书馆的创立标志着中国现代出版业的开始。以张元济、夏瑞芳为首的出版家艰苦创业，为商务的发展打下了坚实的基础。早在商务创立不久就成立股份公司，并从此先后延请高梦旦、王云五等一大批杰出人才，开展以出版为中心的多种经营，实力迅速壮大，编写大、中、小学等各类学校教科书，编纂《辞源》等大型工具书，译介《天演论》《国富论》等西方学术名著，出版鲁迅、巴金、冰心、老舍等现当代著名作家的文学作品，整理《四部丛刊》等重要古籍，编辑"万有文库""大学丛书"等大型系列图书，出版《东方杂志》《小说月报》《自然界》等各科杂志十数种，创办东方图书馆、尚公小学校，制造教育器械，甚至拍摄电影等。

新中国成立后，商务积极完成公私合营改造，并于1954年迁至北京，在中央的大力支持下开始了新的备千历程。1958年，中国出版社业务分工，商务承担了翻译出版国外哲学社会科学和编纂出版中外语文辞书等出版任务，逐渐形成了以"汉译世界学术名著""世界名人传记"为代表的翻译作品，和《辞源》《新华字典》《新华词典》《现代汉语词典》《英华大词典》等为代表的中外文语文辞书为主要支柱的出版格局。

图4.11　练习6完成效果图

四、实验思考

（1）在 Word 文档中输入文字时有插入和改写两种状态。请问这两种状态有什么区别？怎样切换这两种状态？

（2）在 Word 编辑文档的过程中，如果操作错误，需要撤销操作步骤，应该怎样操作？有快捷键吗？

（3）新建 Word 文档时，系统默认采用等线字体。为了方便中文文档的编辑排版，怎样将新 Word 文档的默认字体修改为宋体？

（4）Word 默认每隔 10 分钟自动保存文档内容。请问如何修改 Word 文档的自动保存的时间间隔？自动恢复的 Word 文档保存在什么位置？

（5）Word 文档中使用段落标记来区分段落。如果要将一个 Word 文档截图，其中的段落标记影响美观，请问怎样操作可以在截图时不显示段落标记？

（6）在范例 7 中如果只想替换括号中所有文字的格式，括号本身不做格式替换，应该怎样操作？

实验项目二　Word 格式设置

一、实验目的

（1）掌握字符格式的设置方法。
（2）理解段落格式的基本概念，掌握段落格式的设置方法。
（3）理解页眉、页脚、页边距的概念和作用，掌握页面格式设置的方法。
（4）理解水印和背景的设置原理，掌握水印和背景的设置方法。
（5）了解分节符的概念，能根据需要灵活使用分页符和分节符。
（6）了解样式的概念和作用，能运用样式快速设置格式。
（7）掌握长文档的基础编辑方法。
（8）了解审阅的作用，能运用批注和修订功能修订文档。

二、实验范例

范例 1：字体设置★

打开素材文件 WF2-1.docx，按以下要求完成字符格式设置，完成效果如图 4.12 所示。完成后保存文件。

（1）将所有文字设置为仿宋、四号字，字符间距紧缩 0.3 磅。
（2）将【】中的文字（含【】）的文本效果设置为"填充-蓝色，着色 1，阴影"。
（3）将【】中的数字"01,02"分别设置为上标。
（4）为第 1 段的文字中的"支付宝"添加"标准色红色，1 磅，单实线外边框"。
（5）为第 1 段的文字中的"拼多多"添加"标准色紫色"的字符底纹。
（6）将第 1 段的文字中的"半"字设置为带圈字符，采用圆圈，样式为"增大的圆形圈号"。

(7) 为第 2 段的文字中的"行为方式"设置"标准色橙色的双下画线"。

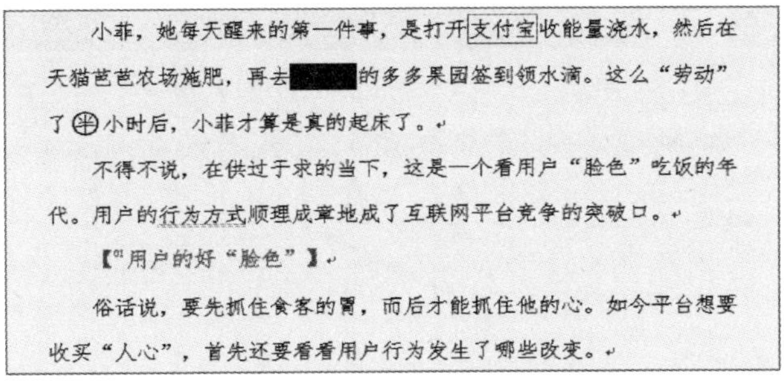

图 4.12 范例 1 完成效果图

操作步骤：

(1) 打开素材文件 WF2-1.docx。

(2) 选中文档中的所有文字。单击"开始"选项卡"字体"组中右下角的对话框启动器，在"字体"对话框的"中文字体"组合框中选择"仿宋"，在"字号"组合框中选择"四号"。单击"高级"选项卡，在字符间距中设置间距为"紧缩"，磅值为"0.3 磅"，如图 4.13 所示。单击"确定"按钮。

图 4.13 字体设置对话框-高级选项

(3) 选中【】以及其中的文字。单击"开始"选项卡"字体"组中的"文本效果和版式"按钮，选择"填充-蓝色，着色 1，阴影"文本效果，如图 4.14 所示，将其应用到所选文字。

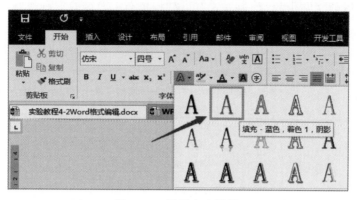

图 4.14 设置文本效果

（4）选中【】中的数字"01"和"02"，单击"开始"选项卡"字体"组右下角的对话框启动器，在弹出的"字体"对话框中选择"上标"复选框，如图 4.15 所示。单击"确定"按钮。

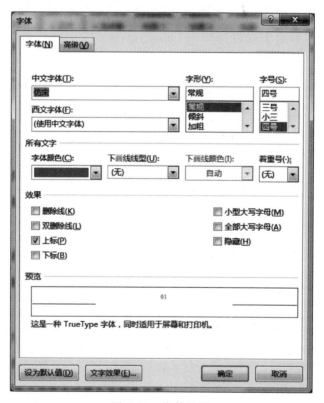

图 4.15 字体设置

（5）选中第 1 段中的文字"支付宝"，单击"开始"选项卡"段落"组"边框"按钮右侧的三角形，在展开的菜单中单击"边框和底纹"命令。在弹出的"边框和底纹"对话框中设置边框类型为"方框"，样式为"单实线"，颜色为"标准色红色"，宽度为"1.0 磅"。在应用于下拉框中选择"文字"，如图 4.16 所示。单击"确定"按钮。

（6）选中第 1 段中的文字"拼多多"，单击"开始"选项卡"段落"组中"底纹"按钮右侧的

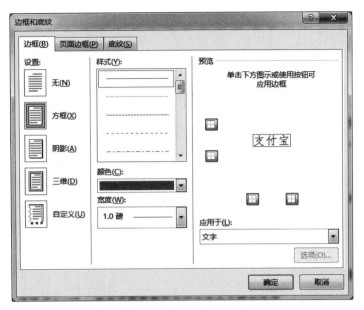

图 4.16 字体边框设置

图 4.17 带圈字符设置

三角形,在颜色列表中选择"标准色紫色"。

(7) 选中第 1 段中的文字"半"。单击"开始"选项卡"字体"组中的"带圈字符"按钮,在"带圈字符"对话框中设置样式为"增大圈号",圈号类型选择圆形,如图 4.17 所示。单击"确定"按钮。

(8) 选中第 1 段中的文字"行为方式",单击"开始"选项卡"字体"组"下画线"按钮右侧的三角形。在菜单中选择下画线线型为"双下画线"、颜色为"标准色橙色",如图 4.18 所示。

(9) 保存文件。

范例 2:段落格式设置★

打开素材文件 WF2-2.docx,完成以下段落格式设置,效果如图 4.19 所示。完成后保存文件。

(1) 将第 1 段标题文字设置为居中对齐。

(2) 将第 2 段段落格式设置为:左缩进 0.3 厘米,右缩进 0.1 字符;首行缩进 1 字符;段前 0.1 行,段后 0.5 磅,1.1 倍行间距。

(3) 为第 3 段和第 4 段设置"黑色实心圆点"项目符号。

(4) 将最后 1 段设置为栏宽相等的 2 栏。

操作步骤:

(1) 打开素材文件 WF2-2.docx。

(2) 选中第 1 段标题文字,单击"开始"选项卡"段落"组中的"居中"按钮,使标题文字居中对齐。

图 4.18　文字下画线详细设置

中国版波士顿动力：机器狗「绝影」

提起机器狗，我们很可能会想到全球机器人开发领域头部公司波士顿动力的「网红」Spot。但放眼全球，设计机器狗的公司并非仅波士顿动力一家。

- 2020 年 10 月，瑞士 ANYbotics 公司设计的机器狗 ANYmal 登上 Science 子刊、机器人顶刊 ScienceRobotics 封面。11 月 20 日，出自腾讯 RoboticsX 实验室的 Jamoca 作为国内首个能完成走梅花桩复杂挑战的机器狗亮相。而自 2018 年以来，由云深处科技设计的「绝影」也逐渐进入众人视野，开始寻找合适的商用场景。
- 从 2018 年 3 月刷爆朋友圈，到 2018 年 12 月经迭代获得了具备跑步、上下台阶的能力，再到 2019 年 11 月实现了奔跑、跳跃步态，机器狗「绝影」相关技术一直在不断发展。近日，「绝影」更是登上了最新一期 Science Robotics 杂志封面。

2020 年 12 月 9 日，「绝影」相关论文正式发表于 Science Robotics，题为 Multi-expert learning of adaptive legged locomotion（适应性腿部运动的多专家学习）。论文介绍，在无法预料的环境下，机器人很可能能出现运动故障。通常，机器人失去平衡的一秒内便会摔倒，防止其跌倒的时间范围约为 0.2-0.5 秒，在这短短的区间内，要协调不同的运动模式，从而减轻其受到的干扰，防止故障或从故障中恢复。

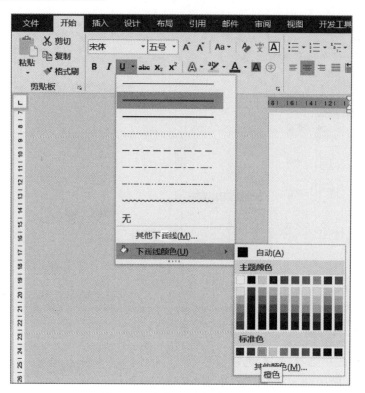

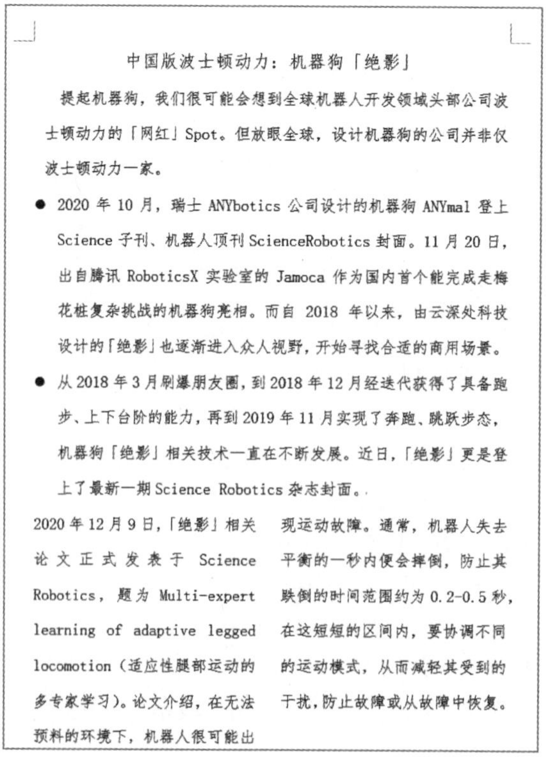

图 4.19　范例 2 完成效果图

（3）选择第 2 段文本。单击"开始"选项卡"段落"组右下角的对话框启动器,在"段落"对话框"缩进和间距"选项卡的缩进选项中设置"左侧"值为 0.3 厘米,"右侧"值为 0.1 字符。在特殊格式下拉列表中选择"首行缩进",设置缩进值为 1 字符。在间距选项中,设置"段前"值为 0.1 行,"段后"值为 0.5 磅。在行间距下拉列表中选择"多倍行距",并设置值为 1.1,如图 4.20 所示。单击"确定"按钮。

图 4.20　段落设置选项

（4）选择第 3 段、第 4 段文字。单击"开始"选项卡"段落"组中"项目符号"右侧的三角按钮,选择"黑色实心圆点"作为段落的项目符号,如图 4.21 所示。

图 4.21　项目符号设置

(5) 选中最后 1 段的文本，注意不要选择最后 1 段文字之后的段落标记。单击"布局"选项卡"页面设置"组中的"分栏"下拉按钮，选择"两栏"，如图 4.22 所示。

(6) 保存文件。

范例 3：基础页面设置★

打开素材文件 WF2-3.docx，完成以下页面格式设置，效果如图 4.23 所示。完成后保存文件。

(1) 设置纸张方向为横向，设置页边距为上下各 1.5cm，左右各 2cm。

(2) 添加分页符。为文档设置页眉："Office 高级操作"。

(3) 为文档设置页脚：左置文字"江汉大学"；右置页码，页码格式为以英文大写字母 C 开始的起始页码。

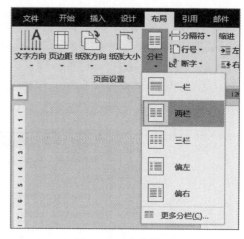

图 4.22　分栏设置

图 4.23　范例 3 完成效果图

操作步骤：

(1) 打开素材文件 WF2-3.docx。

(2) 单击"布局"选项卡"页面设置"组右下角的对话框启动器，在"页面设置"对话框中设置页边距中"上""下"的值为 1.5 厘米，"左""右"的值为 2 厘米。在纸张方向中选择"横向"，如图 4.24 所示。单击"确定"按钮。

(3) 单击"布局"选项卡"页眉设置"组中的"分隔符"按钮，选择"分页符"，如图 4.25 所示。在文档中插入新的一页。

(4) 将光标定位到第一页。单击"插入"选项卡"页眉和页脚"组中的"页眉"按钮，选择"编辑页眉"命令，进入页眉编辑模式。在页眉中输入文字"Office 高级操作"。

(5) 单击"插入"选项卡"页眉和页脚"组中的"页脚"按钮，选择内置模板中的"空白（三栏）"，如图 4.26 所示。进入文档第 1 页的页脚编辑状态。删除中间多余的一栏，在左栏输入文字"江汉大学"。单击"页码"按钮，选择"设置页码格式"，在"页码格式"对话框中设置编号格式为大写英文字母样式，页码编号选择"起始页码"，起始值为"C"，单击"确定"按钮，如图 4.27 所示。将光标定位到页脚右栏位置，单击"页眉和页脚工具"中"设计"选项卡"页眉

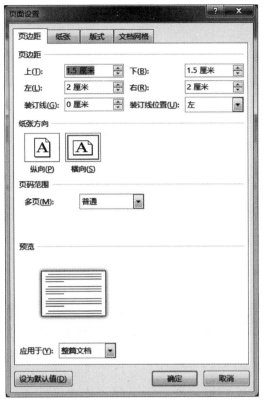

图 4.24 设置页边距和纸张方向

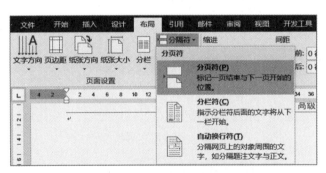

图 4.25 插入分页符

图 4.26 插入三栏页脚

和页脚"组中的"页码"按钮,选择"当前位置"中的"普通数字",如图 4.28 所示,在右栏中插入页码。

图 4.27　设置页码格式

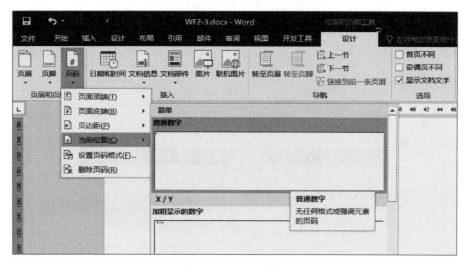

图 4.28　插入页码

(6) 双击正文编辑区域,退出页眉页脚编辑状态。保存文件。

范例 4：首页与奇偶页设置★★

打开素材文件 WF2-4.docx,完成以下首页及奇偶页页面格式设置,完成后保存文件。

(1) 设置文档首页页眉为"中国",偶数页页眉为"湖北",奇数页页眉为"武汉"。

(2) 在页脚中添加页码,格式为小写英文字母,从 a 开始编号。首页页码居中对齐,偶数页页码左对齐,奇数页页码右对齐。

操作步骤：

(1) 打开素材文件 WF2-4.docx。

(2) 单击"布局"选项卡"页面设置"组右下角的对话框启动器,在"页面设置"对话框中切换到"版式"选项卡,勾选"首页不同"和"奇偶页不同"复选框,如图 4.29 所示。单击"确定"按钮。

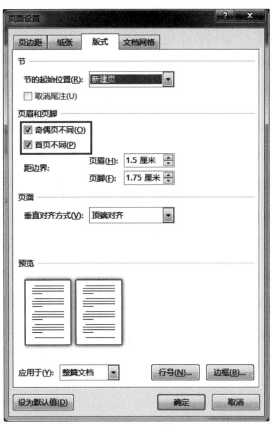

图 4.29 设置首页不同和奇偶页不同

（3）双击文档第 1 页的页眉区域，进入页眉编辑状态，居中输入"中国"。利用鼠标滚轮或拖动文档右侧的滚动条，定位到第 2 页的页眉，居中输入"湖北"。再定位到第 3 页页眉，输入"武汉"，如图 4.30 所示。

图 4.30 设置首页、偶数页、奇数页页眉

(4) 在"页眉和页脚工具"的"设计"选项卡"页眉和页脚"组中单击"页码"按钮,选择"设置页码格式"。在"页码格式"对话框中设置编号格式为小写英文字母,选择页码编号中的"起始页码"单选按钮,并设置起始页码为"a"。

(5) 双击文档第 1 页的页脚区域,进入页脚编辑状态。在"页眉和页脚工具"的"设计"选项卡"页眉和页脚"组中单击"页码"按钮,选择"页面底端",选中"普通数字 2"插入位置居中的页码:a。采用相同方法分别在第 2 页左侧和第 3 页右侧分别插入页码,如图 4.31 所示。

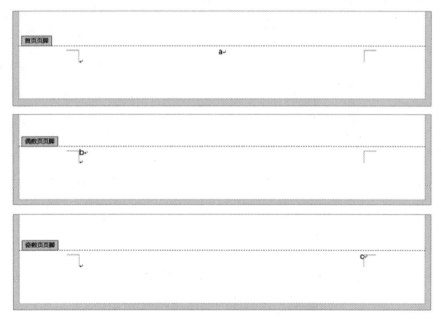

图 4.31 设置首页、偶数页、奇数页页脚

(6) 保存文件。

范例 5:不同节的页面设置★★★

打开素材文件 WF2-5.docx,插入分节符将文档分为 2 节,每页各占 1 节。在各节中完成以下页面设置,效果如图 4.32 所示。完成后保存文件。

(1) 在第 1 节插入页眉"现在的摩拜和 ofo",在第 2 节插入页眉"曾经的摩拜和 ofo"。

(2) 在第 1 节插入水印图片"共享单车.png",取消水印的冲蚀效果,将水印图片移动到第 1 节的文字背后,第 2 节不出现水印图片。

(3) 为文档设置"新闻纸"背景纹理。

操作步骤:

(1) 打开素材文件 WF2-5.docx。

(2) 将光标定位到第 1 页的最后一个符号。单击"布局"选项卡"页面设置"组中的"分隔符"右侧的下拉按钮,选择"分节符"中的"连续",如图 4.33 所示。将文档中的 2 页分别设置到不同的 2 节中。

(3) 进入第 1 节页眉编辑状态,在页眉中输入"现在的摩拜和 ofo"。切换到第 2 节页眉,在"页眉和页脚工具"的"设计"选项卡"导航"组中取消选中"链接到前一节页眉"按钮,如图 4.34 所示。并输入第 2 节页眉"曾经的摩拜和 ofo"。

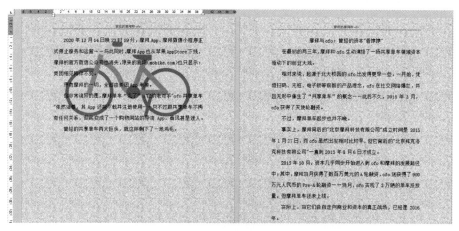

图 4.32　范例 5 完成效果图

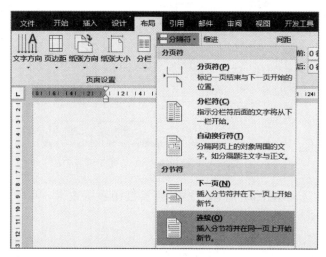

图 4.33　插入连续分节符

图 4.34　取消链接到上一节的页眉和页脚

（4）单击"设计"选项卡"页面背景"组中的"水印"按钮，选中"自定义水印"。在"水印"对话框中选择"图片水印"，插入水印图片"共享单车.png"，取消选中"冲蚀"复选框。单击"确定"按钮，此时文档的 2 节都插入了水印图片。

（5）进入页眉或页脚编辑状态，选中第 2 节中的水印图片，按键盘上的 Backspace 键或 Delete 键删除图片。

（6）回到第 1 节，在页眉或页脚编辑状态拖动水印图片，使图片位于第 1 节中所有文字背后。鼠标左键双击 Word 正文区域，回到正文编辑状态。

（7）单击"设计"选项卡"页面背景"组中的"页面颜色"按钮，选择"填充效果"。在"填充效果"对话框的"纹理"选项卡中选择"新闻纸"作为文档的背景,如图 4.35 所示。单击"确定"按钮。

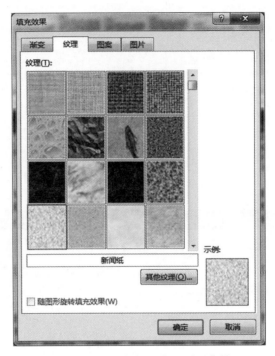

图 4.35 设置新闻纸纹理页面背景

(8) 单击"文件"选项卡中的"打印"按钮,查看打印预览效果。可以看到水印会打印,而页面背景默认不打印。保存文件。

范例 6:段落样式设置★★

打开素材文件 WF2-6.docx,完成以下段落样式的设置,完成效果如图 4.36 所示。完成后保存文件。

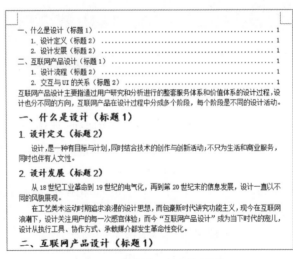

图 4.36 范例 6 完成效果图

（1）按照表 4.1 设置标题 1 和标题 2 样式，并将文档中的所有有"标题 1"和"标题 2"标注的段落应用对应的标题样式。

（2）在正文上方自动生成文档目录。

表 4.1　范例 6 文档样式要求

标题样式	字体格式	段落格式
标题 1	楷体，三号，加粗	段前段后 0.2 行，行间距固定值 20 磅
标题 2	楷体，四号，加粗	段前段后 5 磅，行间距固定值 18 磅

操作步骤：

（1）打开素材文件 WF2-6.docx。

（2）单击"开始"选项卡"样式"组右下角的对话框启动器，在"样式"窗格中单击"标题 1"样式右侧的三角形，选择"修改"，如图 4.37 所示。在"修改样式"对话框中单击"格式"按钮，选择"字体"，如图 4.38 所示。在弹出的"字体"对话框中按照标题 1 要求设置字符格式。继续单击"格式"按钮，选择"段落"，在"段落"对话框中，按照标题 1 要求设置段落格式。

图 4.37　修改样式　　　　　图 4.38　修改样式的字体

（3）采用相同方法设置标题 2 的样式。

（4）将光标定位在文档中有"（标题 1）"文字的段落中，单击样式中的"标题 1"，将标题 1 样式应用到对应的段落中。采用相同的方法，将设置好的标题 2 样式应用到对应的段落中。

（5）将光标定位在文档第 1 个汉字前，按下回车键，插入一个新段落。单击"引用"选项卡"目录"组中的"目录"按钮,选择"自定义目录",如图 4.39 所示。在弹出的"目录"对话框中单击"确定"按钮,插入默认的 3 级目录,如图 4.40 所示。

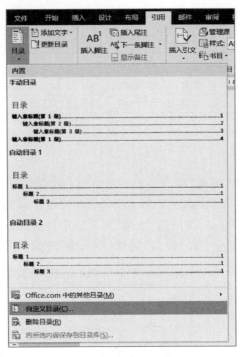

图 4.39　插入目录

图 4.40　插入目录

（6）完成后保存文件。

范例 7：长文档排版★★★

打开素材文件 WF2-7.docx，按照以下要求完成长文档的排版，完成后保存文件。

（1）在文档标题前插入一节，在新插入的节中插入文档封面。

（2）按照表 4.2 要求设置各级标题样式，并将文档中的所有有"标题 1""标题 2"和"标题 3"标注的段落应用对应的标题样式。

（3）在文档封面和文档正文之间插入一节，在该节中自动生成文档目录。

（4）为目录页添加居中的罗马数字页码，从罗马数字Ⅰ开始；为正文页添加靠右对齐的阿拉伯数字页码，从阿拉伯数字 1 开始。页码设置完成后，刷新目录。

表 4.2　长文档排版样式要求

标题样式	多级列表样式	字体格式
标题 1	第 X 章（例如：第一章）	黑体，二号
标题 2	X.X（例如：1.1）	宋体，三号
标题 3	X.X.X（例如：1.1.1）	宋体，四号

操作步骤：

（1）打开素材文件 WF2-7.docx。

（2）将光标定位在第一段的第 1 个字符之前。单击"布局"选项卡"页面设置"组中的"分隔符"按钮，选择"分节符"中的"下一页"，如图 4.41 所示，插入新的一节。

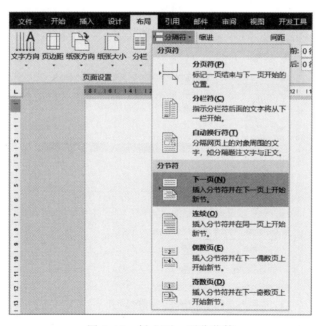

图 4.41　插入下一页分节符

（3）在插入的新节中单击，定位到这一节。单击"插入"选项卡"页面"组中的"封面"按钮，选择一种内置封面，如图 4.42 所示。

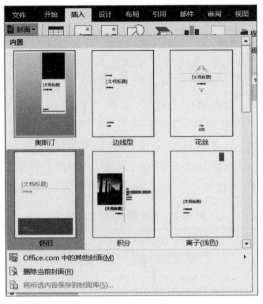

图 4.42 插入封面

(4) 单击"开始"选项卡"样式"组右下角的对话框启动器,单击"样式"窗格下方的"管理样式"按钮。在"管理样式"对话框的"推荐"选项卡中选择"标题 2"和"标题 3",再单击"显示"按钮,如图 4.43 所示,使标题 2 和标题 3 样式在样式列表中显示。

图 4.43 样式管理-显示隐藏的样式

(5) 按照范例 6 中的步骤 2,分别设置标题 1、标题 2 和标题 3 样式的字体格式。

(6) 单击"开始"选项卡"段落"组中的"多级列表"按钮,选择"定义新的多级列表"。单击"定义新多级列表"对话框下方的"更多"按钮,显示完整的"定义新多级列表"对话框,如图 4.44 所示。在对话框选择左侧级别列表中的"1",在"将级别链接到样式"下拉列表中选择"标题 1",将级别 1 和标题 1 链接。在"此级别的编号样式"下拉列表中选择中文简体数字。在"输入编号的格式"文本框中中文数字编号"一"的前后分别输入文字"第"和"章",完成一级标题样式的设置,如图 4.44 所示。采用相同的方法将级别 2 和标题 2 链接,将级别 3 和标题 3 链接。注意在设置级别 2 和级别 3 时,需要选中"正规形式编号"复选框,使级别 2 和级别 3 采用阿拉伯数字编号。

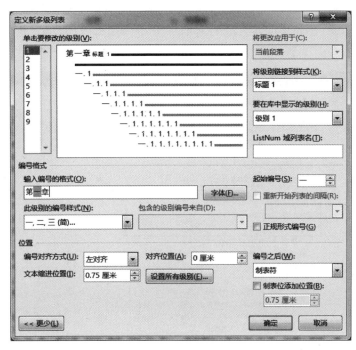

图 4.44　多级列表-编号样式设置

(7) 将标题 1、标题 2 和标题 3 的样式应用到对应的段落中。

(8) 将光标定位在文档第一段的第一个字前,单击"布局"选项卡"页面设置"组中的"分隔符"按钮,选择"分节符"中的"下一页",在封面和文档正文中间插入一节。单击"引用"选项卡"目录"组中的"目录"按钮,选择"自定义目录"。在"自定义目录"对话框中插入默认的 3 级目录。

(9) 进入目录页的页脚编辑状态,在"页眉和页脚工具"的"设计"选项卡"导航"组中取消"链接到前一条页眉"。按照范例 6 中的操作步骤,设置目录页的页码格式为罗马数字,起始页码为罗马数字Ⅰ,完成后,居中插入页码。切换到正文第 1 页页脚,取消"链接到前一条页眉"。设置目录页的页码格式为阿拉伯数字,起始页码为阿拉伯数字 1,完成后,在底端靠右的位置插入页码。

(10) 右击目录区域,在弹出的快捷菜单中选择"更新域"选项。在"更新目录"对话框中选择"更新整个目录"单选按钮,如图 4.45 所示。单击"确定"按钮更新目录。

(11) 完成后保存文件。

范例 8：文档修订★★

打开素材文件 WF2-8.docx，按照以下要求完成文档修订，完成后保存文件。

图 4.45　更新目录

(1) 将用户设置为"计算中心"，缩写设置为"JSZX"。

(2) 在审阅修订模式下将第 1 段文字中的"自行车"修改为"单车"。完成后，保存文件。

操作步骤：

(1) 打开素材文件 WF2-8.docx。单击"文件"选项卡中的"选项"命令，在"Word 选项"选项卡的"常规"选项中设置用户名，如图 4.46 所示。还可以单击"审阅"选项卡"修订"组右下角的对话框启动器，在弹出的修订选项对话框中，单击"更改用户名"按钮后，重新设置用户名。

图 4.46　设置用户名

(2) 单击"审阅"选项卡"修订"组中的"修订"按钮，进入文档修订状态。

(3) 将第 1 段中的"自行车"修改为"单车"。单击段落左侧的竖线，可以显示或隐藏修订内容，如图 4.47 所示。

(4) 完成后保存文件。

注意：在修订状态下，系统会记录所有对文档的更改。在"审阅"选项卡的"更改"组中可以选择接受或拒绝修订。

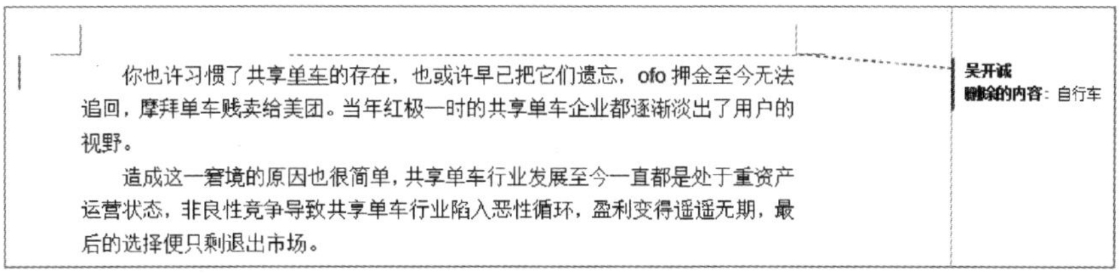

你也许习惯了共享单车的存在，也或许早已把它们遗忘，ofo 押金至今无法追回，摩拜单车贱卖给美团。当年红极一时的共享单车企业都逐渐淡出了用户的视野。

造成这一窘境的原因也很简单，共享单车行业发展至今一直都是处于重资产运营状态，非良性竞争导致共享单车行业陷入恶性循环，盈利变得遥遥无期，最后的选择便只剩退出市场。

吴开诚
删除的内容: 自行车

图 4.47　文档修订效果

三、实验练习

练习 1：打开素材文档 WL2-1.docx，完成以下字符格式设置，效果如图 4.48 所示。完成后保存文件。★

(1) 将所有【 】中文字(包括符号【 】)设为黑体、二号、加粗，将文本效果设置为“白色，轮廓-着色 1，发光-着色 1”。

(2) 为第 1 段中的文字“社区小厨房”加红色实线的边框。

(3) 为第 2 段【 】中的“幼”字加上增大的圆形圈号。

(4) 将所有正文文字(包括注释)设为楷体、小四号，字符间距加宽 1 磅。

(5) 将【】中的数字序号 1,2,3 设为上标。将正文第一段中的文字“保证服务质量”设为红色字体，加红色双实线下画线。

(6) 将正文第二段中的文字“回报率”加粗，并设置底纹为标准色黄色。

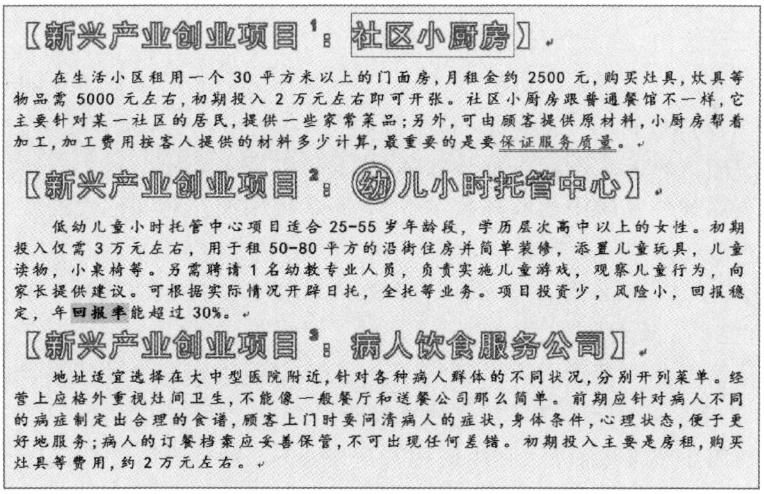

【新兴产业创业项目[1]：社区小厨房】

在生活小区租用一个 30 平方米以上的门面房，月租金约 2500 元，购买灶具，炊具等物品需 5000 元左右，初期投入 2 万元左右即可开张。社区小厨房跟普通餐馆不一样，它主要针对某一社区的居民，提供一些家常菜品；另外，可由顾客提供原材料，小厨房帮着加工，加工费用按客人提供的材料多少计算，最重要的是要保证服务质量。

【新兴产业创业项目[2]：幼儿小时托管中心】

低幼儿童小时托管中心项目适合 25-55 岁年龄段，学历层次高中以上的女性。初期投入仅需 3 万元左右，用于租 50-80 平方的沿街住房并简单装修，添置儿童玩具，儿童读物，小桌椅等。另需聘请 1 名幼教专业人员，负责实施儿童游戏，观察儿童行为，向家长提供建议。可根据实际情况开辟日托，全托等业务。项目投资少，风险小，回报稳定，年回报率能超过 30%。

【新兴产业创业项目[3]：病人饮食服务公司】

地址适宜选择在大中型医院附近，针对各种病人群体的不同状况，分别开列菜单。经营上应格外重视灶间卫生，不能像一般餐厅和送餐公司那么简单。前期应针对病人不同的病症制定出合理的食谱，顾客上门时要问清病人的症状，身体条件，心理状态，便于更好地服务；病人的订餐档案应妥善保管，不可出现任何差错。初期投入主要是房租，购买灶具等费用，约 2 万元左右。

图 4.48　练习 1 完成效果图

练习 2：打开素材文档 WL2-2.docx，按以下要求完成段落格式设置，效果如图 4.49 所示。完成后保存文件。★

(1) 将主标题和副标题所在的段落设置为水平居中对齐。

(2) 将正文所有段落设置为首行缩进 2 字符，行距 1.3 行，段前 0.5 行，段后 0.5 行。

(3) 设置最后 2 段的左缩进为 0.85 厘米。

(4) 将正文第 1 段分为宽度相等的两栏。

(5) 为最后 2 段设置"黑色实心圆点"项目符号。

```
iOS14 隐藏功能（主标题）

敲击 iPhone 背面快捷操作（副标题）

苹果在 WWDC 开发者大会正式发布      其中一个是「BackTap」功能，由推特
了 iOS14 以及其他操作系统更新。除    网友 BenGeskin 曝光，作为「辅助功
大会上浓墨重彩介绍的功能和更新外，   能」的一部分，默认是关闭状态。
也有一些没有在发布会上提到的功能，
用户可以通过用手指在 iPhone 的背面敲两至三下，以执行不同的功能；在
设置界面中用户可自行设定订敲两下或三下具体要执行的功能。具体可选择的功
能包括：

● 回到主界面，息屏，静音，切换应用。
● 打开通知中心或控制中心，以及辅助功能，如启用放大镜或 VoiceOver、
  执行手势，甚至启动快捷方式等。
```

图 4.49　练习 2 完成效果图

练习 3：打开素材文档 WL2-3.docx，完成以下页面格式设置，完成后保存文件。★

(1) 设置文档纸张方向为横向，页边距为上下各 2 厘米，左右各 3 厘米。

(2) 插入分页符，使文档有 2 页内容。

(3) 在文档页眉中居中输入文本"江汉大学"。

(4) 在页脚中插入阿拉伯数字格式的页码，页码从 1 开始编号，每页页码居中。

练习 4：打开素材文档 WL2-4.docx，完成以下页面格式设置，完成后保存文件。★★

(1) 在页面设置中，将文档设置为"首页不同""奇偶页不同"。

(2) 为首页添加位置居中的页眉"江汉大学"，为第 2 页添加位置居中的页眉"人工智能学院"，为第 3 页添加位置居中的页眉"计算中心"。

(3) 页脚中的页码格式设置为罗马数字，从罗马数字Ⅰ开始。

(4) 为首页添加位置居中的罗马数字Ⅰ，为第 2 页添加左对齐格式的罗马数字Ⅱ，为第 3 页添加右对齐格式的罗马数字Ⅲ。

练习 5：打开素材文档 WL2-5.docx，完成以下水印和背景的设置，效果如图 4.50 所示，完成后保存文件。★★★

(1) 在文档第 1 节中设置图片水印"卫星.png"，取消水印的冲蚀效果，将水印图片放置到第 1 节文字背后。文档第 2 节不设置水印图片。

(2) 为文档第 1 节设置页眉"北斗概述"，居中显示，为文档第 2 节设置页眉"北斗落地细节"，居中显示。

(3) 为文档设置背景纹理"白色大理石"。

练习 6：打开素材文档 WL2-6.docx，完成段落样式的设置，效果如图 4.51 所示，完成后保存文件。★★

(1) 设置标题 1 的样式为：字体为楷体、四号、加粗；段落为两端对齐，段前段后各 0.2 行，行间距固定值 20 磅。

(2) 将文档中所有标注"(标题)"的段落设置为标题 1 样式。

(3) 在正文上方插入目录，目录内容由标题 1 自动生成。

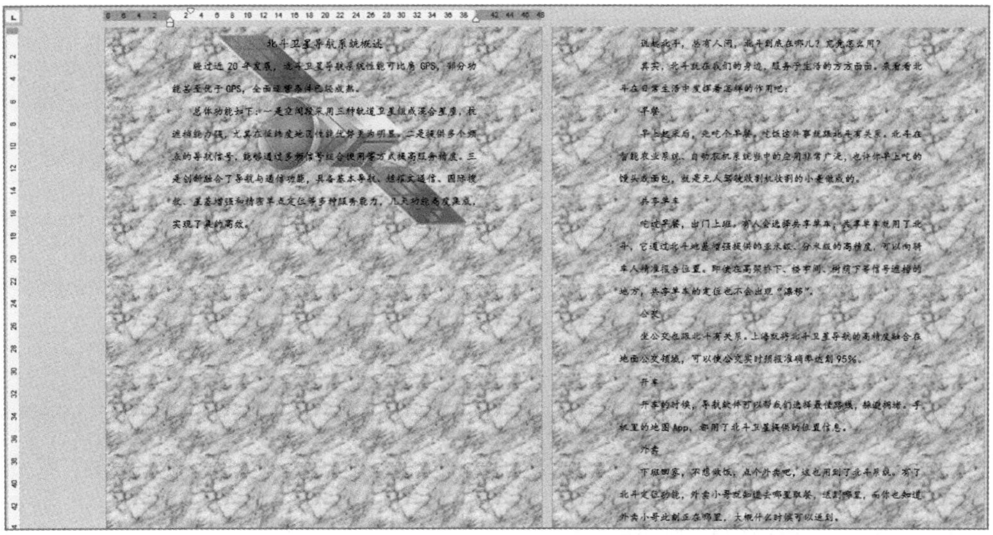
北斗卫星导航系统概述

经过近20年发展，北斗卫星导航系统性能可比肩GPS，部分功能甚至优于GPS，全面运营条件已经成熟。

总体功能如下：一是空间段采用三种轨道卫星组成混合星座，抗遮挡能力强，尤其在低纬度地区性能优势更为明显。二是提供多个频点的导航信号，能够通过多频信号组合使用等方式提高服务精度。三是创新融合了导航与通信功能，具备基本导航、短报文通信、国际搜救、星基增强和精密单点定位等多种服务能力，几大功能高度集成，实现了最的高效。

说起北斗，总有人问，北斗到底在哪儿？究竟怎么用？

其实，北斗就在我们的身边，服务于生活的方方面面。来看看北斗在日常生活中发挥着怎样的作用吧：

早餐

早上起床后，先吃个早餐。吃饭这件事就跟北斗有关系。北斗在智能农业系统、自动农机系统当中的应用非常广泛，也许你早上吃的馒头或面包，就是无人驾驶收割机收割的小麦做成的。

共享单车

吃过早餐，出门上班。有人会选择共享单车，共享单车就用了北斗，它通过北斗地基增强提供的亚米级、分米级的高精度，可以向骑车人精准报告位置。即使在高架桥下、楼宇间、树荫下等信号遮挡的地方，共享单车的定位也不会出现“漂移”。

公交

坐公交也跟北斗有关系。上海就将北斗卫星导航的高精度融合在地面公交领域，可以使公交实时预报准确率达到95%。

开车

开车的时候，导航软件可以帮我们选择最佳路线，躲避拥堵。手机里的地图App，都用了北斗卫星提供的位置信息。

外卖

下班回家，不想做饭，点个外卖吧，这也用到了北斗系统。有了北斗定位功能，外卖小哥就知道去哪里取餐，送到哪里，而你也知道外卖小哥此刻正在哪里，大概什么时候可以送到。

图 4.50　练习 5 完成效果图

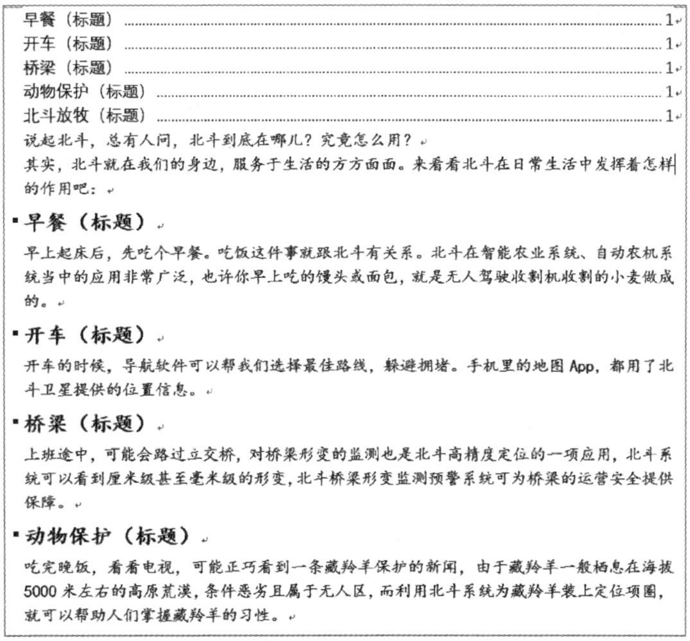

说起北斗，总有人问，北斗到底在哪儿？究竟怎么用？

其实，北斗就在我们的身边，服务于生活的方方面面。来看看北斗在日常生活中发挥着怎样的作用吧：

早餐（标题）

早上起床后，先吃个早餐。吃饭这件事就跟北斗有关系。北斗在智能农业系统、自动农机系统当中的应用非常广泛，也许你早上吃的馒头或面包，就是无人驾驶收割机收割的小麦做成的。

开车（标题）

开车的时候，导航软件可以帮我们选择最佳路线，躲避拥堵。手机里的地图App，都用了北斗卫星提供的位置信息。

桥梁（标题）

上班途中，可能会路过立交桥，对桥梁形变的监测也是北斗高精度定位的一项应用，北斗系统可以看到厘米级甚至毫米级的形变，北斗桥梁形变监测预警系统可为桥梁的运营安全提供保障。

动物保护（标题）

吃完晚饭，看看电视，可能正巧看到一条藏羚羊保护的新闻，由于藏羚羊一般栖息在海拔5000米左右的高原荒漠，条件恶劣且属于无人区，而利用北斗系统为藏羚羊装上定位项圈，就可以帮助人们掌握藏羚羊的习性。

图 4.51　练习 6 完成效果图

练习 7：打开素材文档 WL2-7.docx，按以下要求完成长文档排版，完成效果如图 4.52 和图 4.53 所示，完成后保存文件。★★★

(1) 在文档正文前插入一节，在该节中插入任意一种封面。

(2) 请按照表 4.3 的要求设置 3 级标题样式。为正文中标识的对应段落应用相应的标题样式。

(3) 设置每章内容从新的一页中开始显示。

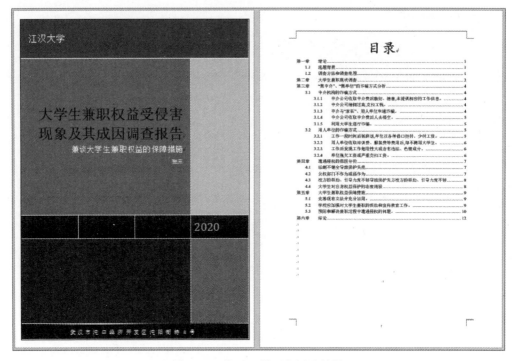

图 4.52 练习 7 封面和目录效果

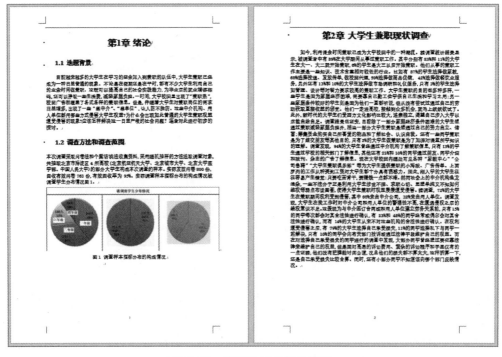

图 4.53 练习 7 正文部分效果

(4) 设置页码。要求封面不显示页码,目录页使用罗马数字Ⅰ、Ⅱ编号,底端居中显示。正文和参考文献页使用阿拉伯数字编号,都分别从阿拉伯数字 1 开始编号,底端居中显示。

表 4.3 练习 7 样式要求

标题样式	多级列表格式	字体格式
标题 1	第 X 章(例如:第 1 章)	黑体,2 号,加粗
标题 2	X.X(例如:1.1)	宋体,3 号
标题 3	X.X.X(例如:1.1.1)	宋体,4 号

练习 8:打开素材文档 WL2-8.docx,完成以下修订操作,完成后保存文件。★★

(1) 将用户设置为"江汉大学",缩写设置为"JHUN"。

(2) 在审阅修订模式下,将第 1 段文字"美国教育多样性"修改为"美国教育和工作的人种多样性"。

(3) 在审阅修订模式下,将第 3 段中的文字"霍华德大学"设置为红色加粗的字体。

(4) 在审阅修订模式下,将第 3 段中的文字"20%"修改为"26%"。

四、实验思考

(1) 如果一个文档中各段落分别设置了宋体、黑体、隶书等不同字体,现在要将所有宋体段落修改为楷体,有哪些快速处理的方法?

(2) 如果要将一个段落的格式应用到不连续的多个段落中,需要反复执行选定格式、单击"格式刷"按钮、应用格式操作吗?

(3) 使用格式刷能复制格式,但是有时格式刷复制的是字符格式(字体、字号、字符颜色等),有时格式刷同时复制字符格式和段落格式(缩进、行距、段间距等),有时格式刷又只复制段落格式而不复制字符格式。请尝试分别在什么情况下会出现以上三种现象?

(4) 为文档设置页眉后,页眉中将出现一条横线。请问怎样清除这条默认的横线?

(5) 分页符和分节符都可以在文档中插入一个新页,请问分页符和分节符有什么区别?什么时候使用分页符,什么时候使用分节符?

实验项目三 Word 对象操作

一、实验目的

(1) 掌握插入、编辑表格和设置表格格式的方法。

(2) 掌握在文档中插入图片的方法。能根据需要裁剪图片、设置图片大小、布局。

(3) 了解图片的数字化原理,了解调整图片样式、颜色、艺术效果的方法。

(4) 掌握在文档中插入形状的方法,能灵活设置形状样式、布局,运用各种形状绘制复杂图形。

(5) 了解形状与图片的区别。了解修改形状轮廓、设置形状效果的方法。

(6) 掌握 SmartArt 图形的使用方法。

(7) 了解在文档中插入图表的方法。

(8) 了解邮件合并的原理,能运用基本邮件合并方法快速批量生成文档。

二、实验范例

范例 1：Word 表格制作★

新建 Word 文档 WF3-1.docx，制作如图 4.54 所示的表格，完成后将文档保存为 WF3-1.docx。

人员	论文	数量				
		普通论文	核心期刊	CPCI 检索	EI 检索	SCI 检索
教研室1	张三	1	0	2	0	0
	李四	2	1	0	1	1
	王五	0	1	0	2	1
教研室2	赵六	0	0	1	2	0
	钱七	1	0	1	0	1
	吴八	1	0	0	2	1

图 4.54 范例 1 完成效果图

操作步骤：

（1）新建 Word 文档，将纸张方向设置为"横向版式"。

（2）单击"插入"选项卡"表格"组中的"表格"按钮，拖动鼠标在表格区域中选择 6×7 表格区域，如图 4.55 所示，插入 6 列 7 行的表格。

（3）将鼠标指向表格第 1 行和第 2 行之间的分隔线，在鼠标指针变成带上下箭头的双线时拖动鼠标，增加表格第 1 行的行高。采用相同的方法，增加表格第 1 列的列宽和最后一行的行高，如图 4.56 所示。

（4）选中表格第 2 列到第 6 列的所有单元格，单击"表格工具"中"布局"选项卡"单元格大小"组中的"分布列"按钮，平均分布所选列的列宽。选中表格第 2 行到第 7 行的所有单元格，单击"表格工具"选项卡"单元格大小"组中的"分布行"按钮，平均分布第 2 至第 7 行行高。完成效果如图 4.57 所示。

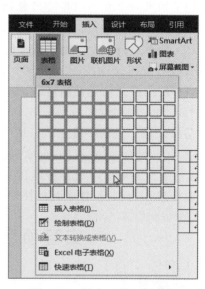

图 4.55 插入 6 列 7 行表格

图 4.56 增大表格部分行高和列宽

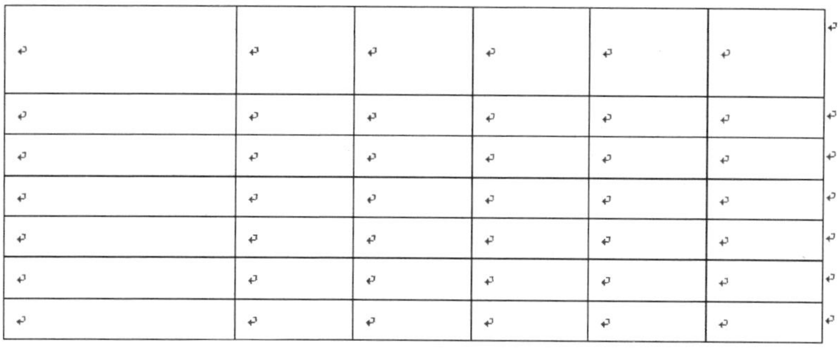

图 4.57　平均分布部分列列宽和部分行行高

（5）选择第 1 行中第 2 列至 6 列的所有单元格，单击"表格工具"的"布局"选项卡"合并"组中的"拆分单元格"按钮，在"拆分单元格"对话框中设置列数为 5、行数为 2，选中"拆分前合并单元格"复选框，如图 4.58 所示。单击"确定"按钮，将选定的单元格拆分为 2 行。选择拆分后第 1 行右侧的 5 个单元格，单击"表格工具"的"布局"选项卡"合并"组中的"合并单元格"按钮，将 5 个单元格合并为一个单元格。

图 4.58　"拆分单元格"对话框

（6）选择第 1 列中 3 行至第 8 行的所有单元格，采用相同方法将其拆分为 2 列 6 行。再将拆分后的第 1 列中的第 3 行至第 5 行单元格，第 6 行至第 8 行单元格分别合并。完成后的表格如图 4.59 所示。

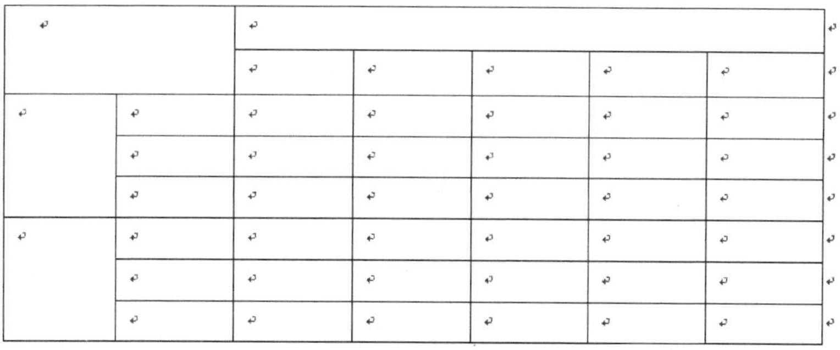

图 4.59　合并、拆分单元格效果

（7）选中表格第 1、2 行所有单元格，单击"表格工具"的"设计"选项卡，单击"表格样式"组中"底纹"按钮下的三角形，选中主题颜色中的"白色，背景 1，深色 35%"，设置所选单元格区域的底纹。采用相同的方法将表格第 1、2 列中第 3 行到第 8 行的单元格底纹设置为"白色，背景 1，深色 15%"。设置效果如图 4.60 所示。

（8）单击表格左上角的十字箭头，选中整张表格。单击"表格工具"的"设计"选项卡，单击"边框"中的"笔样式"下拉按钮，在列表中选择"双实线"，设置"笔画粗细"为 1.5 磅。单击"边框"按钮下方的三角形，在列表中选择"外侧框线"，设置外侧框线为双实线。

（9）选中表格第 1 行第 1 列的单元格，在"表格工具"中"设计"选项卡"边框"组中设置"笔样式"为"单实线"，"笔画粗细"为 0.5 磅。完成后，单击"边框"按钮下方的三角形，在列表中选择"斜下框线"，绘制斜线表头，如图 4.61 所示。

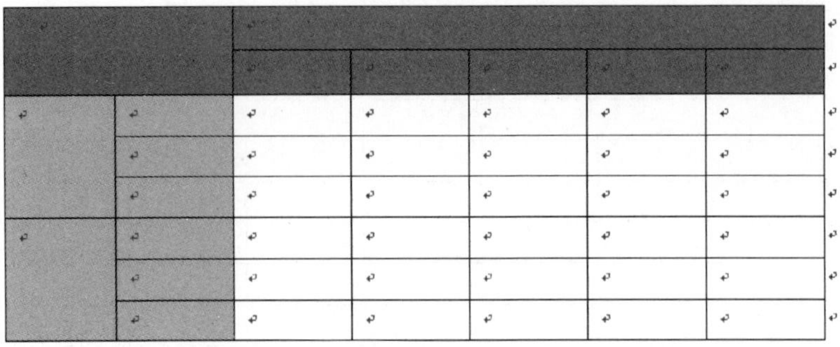

图 4.60 设置部分单元格区域底纹

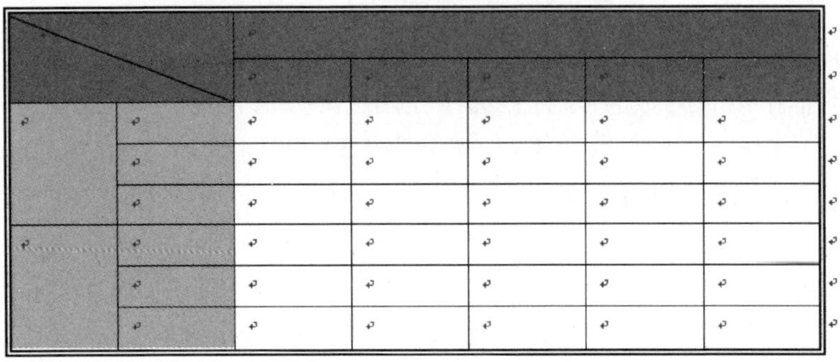

图 4.61 设置边框和斜线表头

（10）单击表格左上角的十字箭头，选择整个表格。单击"表格工具"中"布局"选项卡"对齐方式"组中的"水平对齐"按钮，将表格中的所有单元格设置为垂直、水平方向居中对齐。

（11）在单元格中输入数据。将光标定位在左上角单元格文字"论文"之后，按下回车键，将文字分成 2 行。分别选定两行文字，在"开始"选项卡"段落"组中设置第 1 行右对齐，第 2 行左对齐。在第 1 行最后和第 2 行开头适当加入空格，调整斜线表头中文字的位置，如图 4.62 所示。

图 4.62 输入斜线表头中的文字

（12）将文档保存为 WF3-1.docx。

范例 2：文本转换为表格★

打开素材文件 WF3-2.docx，将文档中的文本转换成表格。添加标题行"菜名"和"单价"，并设置当表格跨页时标题行自动显示在下一页表格的开头，完成效果如图 4.63 所示。完成后保存文件。

操作步骤：

（1）打开素材文件 WF3-2.docx，复制文档中的中文逗号。

（2）选中所有文字，单击"插入"选项卡"表格"组中的"表格"按钮，选择"文本转换成表格"命令。在"将文字转换成表格"对话框中的"文字分隔位置"中选择"其他字符"。单击"其他字符"右侧的文本框,按 Ctrl+V,将第(1)步中复制的中文逗号粘贴到文本框中,选择"根据内容调整表格"单选按钮,如图 4.64 所示。单击"确定"按钮,将文本转换成表格。

图 4.63 范例2完成效果图　　图 4.64 文本转换表格参数设置

(3) 右击表格第 1 行的任意单元格,在弹出的快捷菜单中选择"插入"选项中的"在上方插入行"选项,在表格第 1 行前面再插入 1 行。在插入的行中输入标题行内容"菜名"和"单价",如图 4.65 所示。

图 4.65 插入标题行内容

(4) 单击表格标题行中的任意一个单元格,单击"表格工具"中"布局"选项卡"数据"组中的"重复标题行"按钮,如图 4.66 所示,使表格跨页时标题行自动显示在下一页的开头。

图 4.66 设置重复标题行

(5) 保存文件。

范例 3:图片版式设置★

打开素材文件 WF3-3.docx,插入图片文件"图片素材.jpg",并设置图片衬在文字下方,如图 4.67 所示。完成后保存文件。

操作步骤:

(1) 打开素材文件 WF3-3.docx。

(2) 单击"插入"选项卡"插图"组中的"图片"按钮,在"插入图片"对话框中选择素材文件夹中的"图片素材.jpg"文件,将图片插入到 Word 文档中。

(3) 选中插入的图片,单击"图片工具"中"格式"选项卡"排列"组中的"环绕文字"按钮,选择"衬于文字下方",如图 4.68 所示。

图 4.67 范例 3 完成效果图

图 4.68 设置图片版式为衬于文字下方

（4）保存文件。

范例4：图片属性设置★★

打开素材文件WF2-4.docx,按照以下要求完成图片属性的设置,效果如图4.69所示,完成后保存文件。

（1）裁剪图片多余的部分,只保留人物。

（2）将文档中的图片缩小成"高度12厘米,宽度8厘米"。

（3）设置图片的艺术效果为"铅笔灰度"。

操作步骤：

（1）打开素材文件WF2-4.docx。

（2）选中图片,单击"图片工具"中"格式"选项卡"大小"组中的"裁剪"按钮下的三角形,选择"裁剪"命令。将鼠标指向图片四周的黑色裁剪控制柄,向内拖动,剪除人物四周的空白部分,如图4.70所示。

图4.69 范例4完成效果图

图4.70 裁剪图片

（3）选中图片,单击"图片工具"中"格式"选项卡"大小"组右下角的对话框启动器。在"布局"对话框中,取消勾选"锁定纵横比"复选框,设置高度绝对值为12厘米、宽度绝对值为8厘米,如图4.71所示。单击"确定"按钮。

（4）选中图片,单击"图片工具"中"格式"选项卡"调整"组中的"艺术效果"按钮,选择"铅笔灰度"效果,如图4.72所示。

（5）保存文件。

范例5：绘制复杂图形★★

新建Word文档,制作如图4.73所示的流程图。完成后将文件保存为WF3-5.docx。

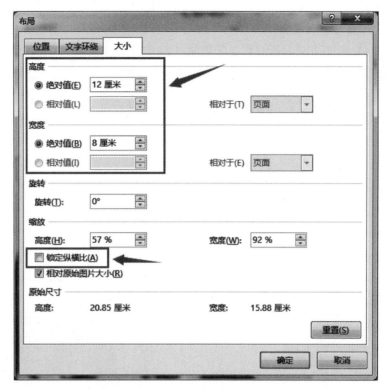

图 4.71 设置图片大小

图 4.72 设置"铅笔灰度"效果

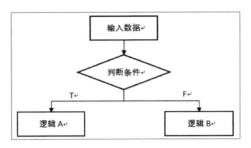

图 4.73 流程图效果

操作步骤：

(1) 新建一个 Word 文档。

(2) 单击"插入"选项卡"插图"组中的"形状"按钮，选择最下方的"新建绘图画布"命令，在文档中插入绘图画布。流程图中的所有形状均在绘图画布内绘制。

(3) 单击"插入"选项卡"插图"组中的"形状"按钮，分别选择"流程图"形状组中的"过程"形状、"决策"形状，如图 4.74 所示。在绘图画布中绘制相应形状。

图 4.74 流程图形状

(4) 单击"插入"选项卡"插图"组中的"形状"按钮，分别选择"线条"形状组中的"箭头"形状和"肘型箭头连接符"形状，如图 4.75 所示。注意绘制连接符时将连接符的两端与已有形状的连接。完成效果如图 4.76 所示。

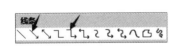

图 4.75 线条形状

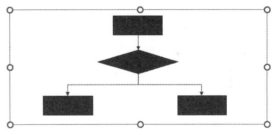

图 4.76 绘制流程图

(5) 单击绘图画布，按 Ctrl+A 快捷键，选中绘图画布中的所有形状。在"绘图工具"的"格式"选项卡中，设置"形状填充"为"无填充颜色"，设置"形状轮廓"为主题颜色中的"黑色，文字 1"，如图 4.77 所示。

(6) 分别右击绘图画布中的"过程"形状和"决策"形状，在弹出的快捷菜单中选择"添加文字"选项，在形状内添加对应文字。注意添加文字后，需要选择添加的文字，在"开始"选项卡"字体"组中设置字体颜色为主题颜色中的"黑色，文字 1"。

(7) 参考第(5)步操作，在绘图画布中插入两个横排文本框，在两个文本框中分别输入字母 T 和 F。选择两个文本框，设置文本框的形状填充为"无填充颜色"，形状轮廓为"无轮廓"，如图 4.78 所示。

(8) 单击"保存"按钮，将文件保存为 WF3-5.docx。

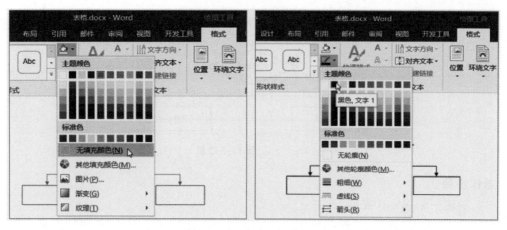

图 4.77　设置形状填充和轮廓

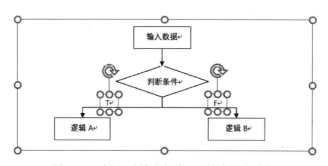

图 4.78　插入无填充颜色、无轮廓的文本框

范例 6：艺术字和 SmartArt

新建 Word 文档，设置纸张方向为"横向"，制作如图 4.79 所示的艺术字和 SmartArt 形状。完成后，将文件保存为 WF3-6.docx。

图 4.79　范例 6 完成效果图

操作步骤：

(1) 新建 Word 文档。单击"布局"选项卡"页面设置"组中的"纸张方向"按钮，选择"横向"，将页面设为横向版式，如图 4.80 所示。

(2) 单击"插入"选项卡"文本"组中的"艺术字"按钮，选择"填充-白色，轮廓-着色 2，清晰阴影-着色 2"，插入艺术字模板，如图 4.81 所示。

(3) 选中艺术字模板中的文字，输入文字"报名流程"。完成后选中艺术字对象，单击"绘图工具"中"格式"选项卡"艺术字样式"组中的"文本轮廓"右侧的三角形，选择标准色中的"深红"，如图 4.82 所示。

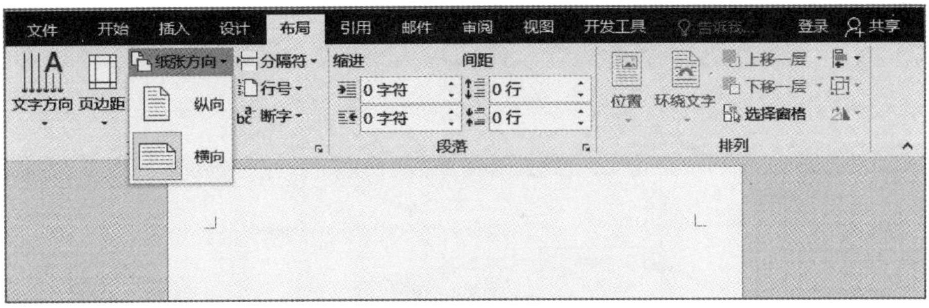

图 4.80 设置纸张方向

图 4.81 插入艺术字模板

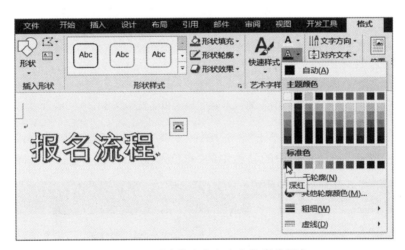

图 4.82 更改艺术字文本和轮廓线颜色

(4)单击"插入"选项卡"插图"组中的 SmartArt 按钮,在"选择 SmartArt 图形"对话框中选择"流程"中的"基本流程",如图 4.83 所示。单击"确定"按钮,将一个包含三个文本框的基本流程 SmartArt 图形插入到文档中。

(5)右击最右侧的文本框,在弹出的快捷菜单中选择"添加形状"中的"在后面添加形状",添加第四个文本框。在文本框中或在 SmartArt 左侧的"在此处键入文字"窗格中输入报名流程文本。选中 SmartArt 形状,将形状中的所有字体设置为"宋体"、大小为 20。拖动 SmartArt 形状右侧的控制柄,使所有文本框中的文字单行显示,如图 4.84 所示。

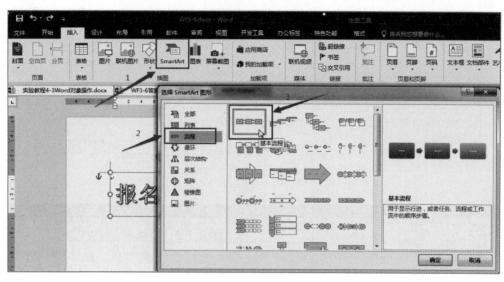

图 4.83　选择 SmartArt 图形

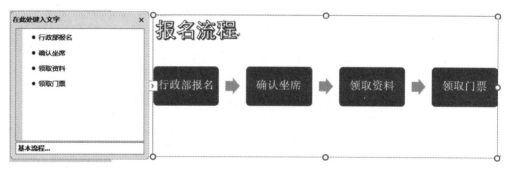

图 4.84　插入形状并输入报名流程文本

（6）选中 SmartArt 流程图，单击"SmartArt 工具"中"设计"选项卡"SmartArt 样式"组中的"更改颜色"按钮，选择彩色中的彩色中的"彩色范围-个性色 3 至 4"，如图 4.85 所示。

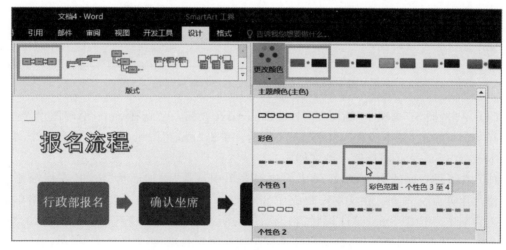

图 4.85　更改 SmartArt 形状的配色

(7)单击"保存"按钮,将文件保存为 WF3-6.docx。

范例 7:插入图表★★

新建 Word 文档,在文档中插入如图 4.86 所示的饼图,饼图数据在 Excel 文件"Word 中的图表数据.xlsx"中。完成后将文件保存为 WF3-7.docx。

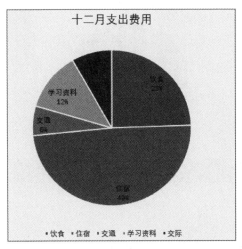

图 4.86 范例 7 完成效果图

操作步骤:

(1)新建一个 Word 文档。

(2)单击"插入"选项卡"插图"组中的"图表"按钮,在"插入图表"对话框中选择"饼图",如图 4.87 所示。单击"确定"按钮,插入一个由默认数据模板创建的饼图。

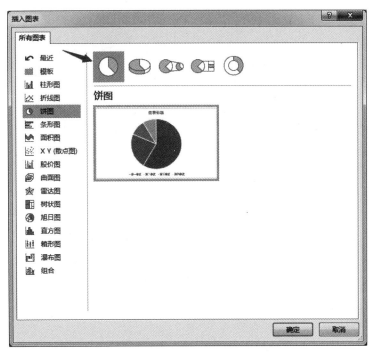

图 4.87 "插入图表"对话框

(3) 右击饼图,在弹出的快捷菜单中选择"编辑数据"选项,打开图表的数据编辑窗口,如图 4.88 所示,打开 Excel 文件"Word 中的图表数据.xlsx",将 Sheet1 工作表中的数据复制粘贴到数据编辑窗口从 A1 单元格开始的区域中。

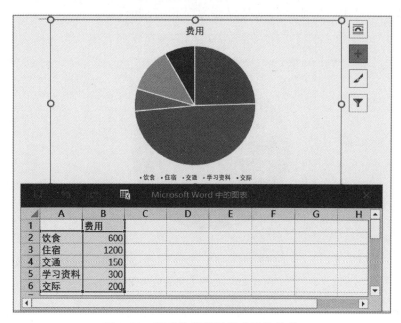

图 4.88 图表数据编辑完成后的效果

(4) 关闭图表的数据源窗口。选择饼图,单击图表右上角的"图表元素"按钮,选中"数据标签"复选框,并选择"数据标签内"选项,在饼图中添加数据标签,如图 4.89 所示。

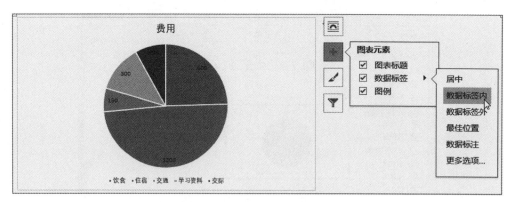

图 4.89 添加图表的数据标签

(5) 右击图表中的数据标签,在弹出的快捷菜单中选择"设置数据标签"。在"设置数据标签格式"任务窗格中单击"标签选项"组,在标签选项中只选中"类别名称"和"百分比"复选框,将两组数据显示在饼图的每个扇形区域内部,如图 4.90 所示。

(6) 修改图表标题为"十二月支出费用"。

(7) 单击"保存"按钮,将文件保存为 WF3-7.docx。

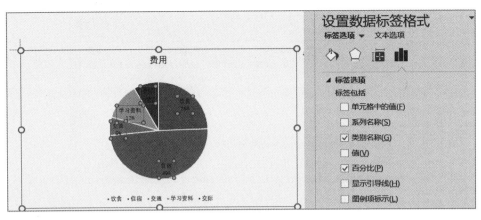

图 4.90　设置数据标签格式

范例 8：邮件合并★★★

打开文档"WF3-8 主文档.docx"，利用邮件合并导入 Excel 数据源文件"数据源.xlsx"中前 3 行成绩数据，将前三名学生的成绩信息显示在同一页 Word 文档中，效果如图 4.91 所示。将合并完成的 Word 文件命名为"WF3-8 邮件合并完成效果.docx"。

姓名	语文	数学	英语
张三	92	87	64

姓名	语文	数学	英语
李四	83	100	84

姓名	语文	数学	英语
王五	75	89	74

图 4.91　范例 8 完成效果图

操作步骤：

（1）打开 Word 文件"WF3-8 主文档"。

（2）单击"邮件"选项卡"开始邮件合并"组中的"选择收件人"按钮，选择"使用现有列表"命令。在"选择数据源"对话框中选择 Excel 数据源文件"数据源.xlsx"，单击"打开"按钮，在"选择表格"对话框中选择"Sheet1"工作表，如图 4.92 所示。单击"确定"按钮，将"Sheet1"工作表设置为数据源。

（3）将光标依次定位在表格第 2 行的各单元格中，单击"邮件"选项卡"编辑和插入域"组中的"插入合并域"右侧的三角形，依次将"姓名""语文""数学""英语"域插入到对应单元格中，如图 4.93 所示。

（4）单击"邮件"选项卡"完成"组中的"完成并合并"按钮，选择"编辑单个文档"。在"合并到新文档"对话框中合并记录为"从 1 到 3"，如图 4.94 所示。单击"确定"按钮，将前 3 行数据导入到邮件合并文档中。

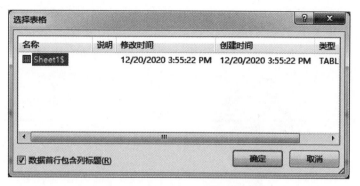

图 4.92 选择 Excel 工作表数据源

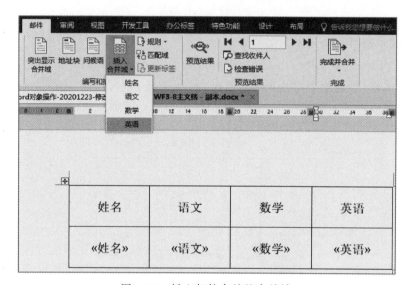

图 4.93 插入邮件合并的合并域

图 4.94 合并记录设置

(5) 合并后的信函文档共有 3 页,每页包括一位同学的成绩表。选中生成的信函文档中的所有内容,单击"布局"选项卡"页面设置"组右侧的对话框启动器,在"页面设置"对话框的"版式"选项卡中设置节的起始位置为"接续本页",如图 4.95 所示。单击"确定"按钮,3 页文档中的成绩表将集中显示在同一页 Word 文档中。

(6) 将完成邮件合并的"信函 1"文档保存为"WF3-8 邮件合并完成效果.docx"。

图 4.95　单页显示设置

三、实验练习

练习 1：新建一个 Word 文档，按照以下要求制作个人简历表格，简历文字内容在文本文件"文字.txt"中。完成效果如图 4.96 所示，完成后将文件保存为 WL3-1.docx。★

姓名	张三	性别	男	贴照片处
出生年月	1981.2.9	毕业学校	清华大学	
个人经历	高中	担任班级学习委员，参加 3 次全国数学高中联赛，获得 2 个全国二等奖，1 个全国一等奖，进入国家集训队。		
	大学	在信息科学技术学院计算机科学与技术系学习了 4 年，协助老师完成了 2 项国家自然科学基金项目，以第一作者发表了 2 篇 SCI 二区文章，获得专利 1 项，在大学生计算机顶级比赛"中国软件杯"和 ACM 竞赛中分别获得 1 次全国一等奖。		
	实习	从大二开始，每年暑假在不同的科技公司兼职做项目，工作过的单位包括：华为武汉研究所，小米武汉总部。参与过的项目涉及安防、边界防御、数字取证等。在工作中能积极协调各部门同事，提升工作效率。		

图 4.96　练习 1 完成效果图

(1) 绘制表格框架。其中双实线为 1.5 磅、标准色红色，其他边框线均为单实线、0.75 磅、主题颜色"黑色，文字 1"。

(2) 在表格中输入对应文字内容。其中第 3 行第 1 列单元格的文字为竖向文字，字符间距加宽 5 磅。

(3) 将全部文字的字体设置为宋体，五号。第 3、4、5 行第 3 列设置为两端对齐，其他单元格设置为水平、垂直居中。

(4) 为"姓名""性别""出生年月""毕业学校""个人经历"所在的单元格设置"白色、背景 1、深色 25%"底纹。

练习 2：打开文档 WL3-2.docx，将文档中的文字转换成表格。在表格的第一行添加一个标题行，输入"检索类型"和"科研分"，并设置表格跨页时标题行自动重复。完成效果如图 4.97 所示。★

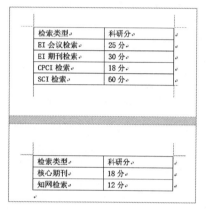

图 4.97　练习 2 完成效果图

练习 3：在文档 WL3-3.docx 中插入图片"钟南山图片.jpg"，将图片放置在文档左上角，并设置四周型环绕。完成后效果如图 4.98 所示。★

图 4.98　练习 3 完成效果图

练习 4：新建一个 Word 文档，插入图片"素材图片-W3-4"。设置图片环绕方式为"浮于文字上方",设置图片大小为宽 6cm,高 4cm。设置图片的颜色饱和度为 200%,色温 7200K,完成效果如图 4.99 所示。将文档保存为 WL3-4.docx。★★

图 4.99　练习 4 完成效果图

练习 5:新建一个 Word 文档,利用形状中的文本框、流程图列表中的过程、决策、数据等形状和线条列表中的箭头和肘型箭头连接符,在文档中绘制如图 4.100 所示的流程图。绘制完成后将文档保存为"WL3-5.docx"。★★

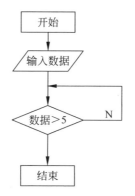

图 4.100　练习 5 完成效果图

要求:
(1) 所有形状中的文字均设置为楷体、五号。所有文字均水平居中、垂直居中。
(2) 所有形状需要在绘图画布中绘制。

练习 6:新建一个 Word 文档,插入如图 4.101 所示的 SmartArt 组织结构图。完成后将文档保存为 WL3-6.docx。★

图 4.101　练习 6 完成效果图

要求:
(1) 所有文本框、线条的轮廓采用 1 磅橙色线条。

(2) 文本框的形状填充使用白色大理石纹理。

练习 7：新建空白 Word 文档，插入如图 4.102 所示的二维簇状柱形图，图表数据在 Excel 文件"Excel 图表数值"中。完成后将文档保存为 WL3-7.docx。★★

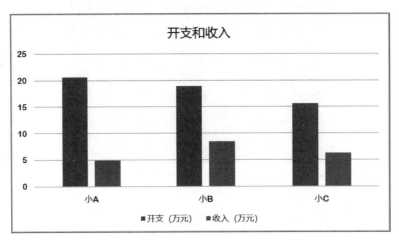

图 4.102　练习 7 完成效果图

练习 8：新建一个 Word 文档，按照以下要求完成 Word 邮件合并，效果如图 4.103 所示，完成后保存相应的文件。★★★

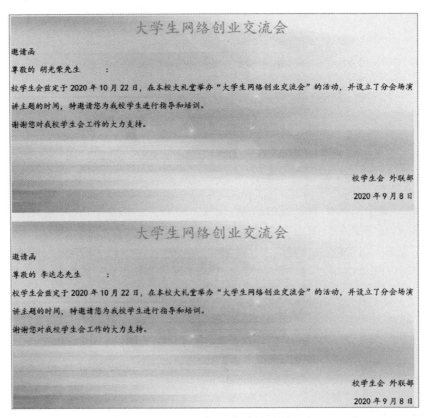

图 4.103　练习 8 完成效果图

(1) 设置邀请函的页面,纸张方向横向。纸张大小:自定义:宽 30 厘米,高 18 厘米。上下页边距:2 厘米,左右页边距:3 厘米。

(2) 插入文字内容,保持字体和字号不变。

(3) 插入背景图片,将图片设置为"衬于文字下方",完成后将文档保存为"WL3-8 主文档.docx"。

(4) 在"邮件"功能选项卡中导入 Excel 数据源数据。在相应的位置插入姓名域。

(5) 对性别域进行判断,如果性别是"男",插入"先生",如果性别是"女",插入"女士"。所有域文字都设置为楷体、四号。将文档保存为"WL3-8 域文件.docx"。

(6) 通过邮件合并,生成最后 2 项的合并信息,将文档保存为"WL3-8 合并完成文档.docx"。

四、实验思考

(1) 在 Word 中绘制形状时,可以直接在文档中绘制,也可以先插入绘图画布,然后在绘图画布中绘制。请尝试分别用两种方式绘制形状,对比它们各有什么优点。在实际应用中,你会怎样选择绘制形状的方式?

(2) 先完成以下操作,再回答后面的问题。

① 使用 Windows 附件中的画图程序绘制一个小圆,保存。

② 将这幅小圆图片插入到 Word 中,并在旁边使用 Word 插入形状的方式再画一个大小近似的圆。

③ 将 Word 文档放大 5 倍显示。

请问你看到的两个圆在显示效果上有什么区别?两个圆为什么显示效果会不一样?

(3) 在一个 Word 文档中有一张表格、一张桌面截图和一个使用形状绘制的流程图,将这个文档保存为 txt 文件后,txt 文件中包含哪些内容?为什么有的内容在 txt 文件中无法保存?

(4) 在 Word 中绘制直线时,如何保证所绘制的线条是水平或垂直?

(5) 在 Word 中可以插入表格和 Excel 电子表格。请问两种表格有什么区别?什么样的表格适合直接插入表格制作?什么样的表格适合通过插入 Excel 电子表格制作?

第 5 章　Excel 表格处理

实验项目一　表格基本操作

一、实验目的

（1）理解工作簿、工作表、单元格等基本概念。掌握在 Excel 中新建工作簿、保存数据的基本方法。

（2）掌握数据类型的概念和作用，能熟练判断并设置单元格的数据类型，快速准确输入各种类型数据。

（3）掌握数据验证的设置方法，保证输入数据有效。

（4）掌握工作表中单元格格式设置方法，能灵活运用格式及条件格式美化表格。

（5）掌握单元格的插入、复制、移动、删除、清除等操作方法。

（6）掌握工作表的插入、移动、复制、删除操作方法。

二、实验范例

范例 1：输入数据★

新建一个工作簿，将 Sheet1 工作表重命名为"学生科研项目"，并在工作表中 A1 单元格开始区域中输入如图 5.1 所示数据。将工作簿保存为 EF1-1.xlsx。★

	A	B	C	D	E	F	G	H
1	项目编号	项目名称	姓名	专业	开始日期	实施进度	项目经费	中期报告成绩
2	01200101	基于互联网金融视角的小微企业融资模式研究	潘建霖	会计	2020/2/25	75%	¥1,000.00	82
3	01200102	互联网经济背景下企业财务管理创新思路与对策	郭龙	会计	2020/3/5	60%	¥600.00	73
4	01200103	大数据环境下学生网上创业精准营销策略研究	林来兵	会计	2020/3/11	50%	¥1,000.00	80
5	01200104	互联网金融风险管理研究	袁培培	会计	2020/4/6	40%	¥800.00	65
6	08200301	并行分裂算法在图像处理中的应用	贾莹	计算机	2020/3/16	60%	¥1,200.00	85
7	08200302	基于无线传感器网络的火灾逃生智能系统	李浩然	计算机	2020/3/15	40%	¥800.00	62
8	08200303	基于Andriod平台的题库系统设计与实现	王海	计算机	2020/4/2	50%	¥800.00	75
9	08200304	企业人事信息管理系统的设计与实现	李泽利	计算机	2020/2/25	80%	¥600.00	78
10	08200305	关联规则Apriori算法在大学生就业分析中的应用	陈嘉鑫	计算机	2020/3/14	40%	¥800.00	50
11	08200306	基于深度学习的人行道闯红灯行为预测研究	陈婉琪	计算机	2020/3/20	60%	¥1,200.00	85

图 5.1　学生科研项目表

要求：项目编号、项目名称、姓名、专业为文本型；开始日期为日期型，"年/月/日"形式显示（不受操作系统影响）；实施进度为百分比，没有小数位；项目经费为货币型，采用人民币货币符号，保留 2 位小数；中期报告成绩为数值型，没有小数位。

操作步骤：

（1）启动 Excel，单击"空白工作簿"，创建一个新工作簿。右击新工作簿中的 Sheet1 工作表标签，在弹出的快捷菜单中选择"重命名"，输入工作表名"学生科研项目"，按 Enter 键确认。

（2）选定"学生科研项目"工作表的 A1 单元格，输入"项目编号"，按右移键，在 B1 单元格输入"项目名称"，并依次向右，完成标题行的输入。

（3）选定 A2 至 A11 单元格区域，单击"开始"选项卡"数字"组中的"常规"下拉列表，选择"文本"，将 A2 至 A11 单元格区域的数字类型设置为文本型。

（4）选定 A2 单元格，输入项目编号"01200101"。选定 A2 单元格，将鼠标指向单元格右下角的填充柄，向下拖动到 A5 单元格，完成第一组项目编号的序列填充。采用同样的方法在 A6 单元格输入项目编号"08200301"，并拖动填充柄完成第二组项目编号的序列填充。

（5）选择 B2 至 D11 单元格区域，单击"开始"选项卡"数字"组右下角的对话框启动器，在"设置单元格格式"对话框"数字"选项卡的"分类"列表框中选择"文本"，单击"确定"按钮，设置选定区域的数字类型为文本型。

（6）分别在 B2 至 B11、C2 至 C11 单元格区域输入项目名称和学生姓名。

（7）选择 D2 至 D5 单元格区域，输入"会计"，按 Ctrl+Enter 键，D2 至 D5 单元格区域都将输入"会计"。在 D6 单元格输入"计算机"。右击 D7 单元格，在弹出的快捷菜单中选择"在下拉菜单中选择"选项，在弹出的下拉列表中选择"计算机"。拖动 D7 单元格右下角的填充柄，将"计算机"填充复制到 D8 至 D11 单元格。

（8）选择 E2 至 E11 单元格，单击"开始"选项卡"数字"组右下角的对话框启动器，在如图 5.2 所示的"设置单元格格式"对话框"数字"选项卡的"分类"列表框中选择"日期"，在"类

图 5.2 "设置单元格格式"对话框

型"列表框中选择"2012/3/14",单击"确定"按钮。在 E2 至 E11 单元格输入各项目的开始日期。

(9) 选择 F2 至 F11 单元格,设置数字类型为"百分比",小数位数为 0。确定后输入百分比数据。

(10) 选择 G2 至 G11 单元格,设置数字类型为货币,在"货币符号(国家/地区)"列表中选择货币符号为"¥",小数位数为 2。确定后输入项目经费数据。

(11) 选择 H2 至 H11 单元格,设置数字类型为数值,小数位数为 0。确定后输入中期报告成绩。

(12) 单击快速访问工具栏中的"保存"按钮,单击"另存为"菜单中的"浏览"按钮,在"另存为"对话框中设置文件保存位置,并输入文件名 EF1-1,设置保存类型为"Excel 工作簿(*.xlsx)",单击"保存"按钮保存工作簿。

范例 2:数据验证

1. 数值范围验证★

打开"电脑销售.xlsx"工作簿,在"1月销售明细"工作表中设置数据验证条件:销量应该是整数且大于等于 0,输入数据不满足验证条件时,弹出标题为"销量输入错误"的停止对话框,提示"销量不能为负值!"。将工作簿保存为 EF1-2-1.xlsx。

操作步骤:

(1) 打开"电脑销售.xlsx"工作簿,选择"1月销售明细"工作表。

(2) 选择 E2 至 E28 单元格区域,单击"数据"选项卡"数据工具"组中的"数据验证"按钮,在"数据验证"对话框的"设置"选项卡中设置允许"整数",数据"大于或等于",最小值为 0,如图 5.3 所示。

图 5.3 设置数据验证条件

(3) 在"出错警告"选项卡中设置样式为"停止",标题为"销量输入错误",在错误信息中输入"销量不能为负值!",如图 5.4 所示。单击"确定"按钮完成设置。

(4) 在 E2 单元格输入 −5,确认时系统弹出对话框显示出错警告信息,如图 5.5 所示。

图 5.4 设置出错警告信息

图 5.5 "销量输入错误"停止对话框

(5) 将文件另存为 EF1-2-1.xlsx。

2. 数据序列验证★★

打开"电脑销售.xlsx"工作簿,在"1月销售明细"工作表中设置数据验证条件:品名为序列,只能在下拉列表中选择"笔记本""平板电脑""台式机"三项中的一项,如图 5.6 所示。将工作簿保存为 EF1-2-2.xlsx。★★

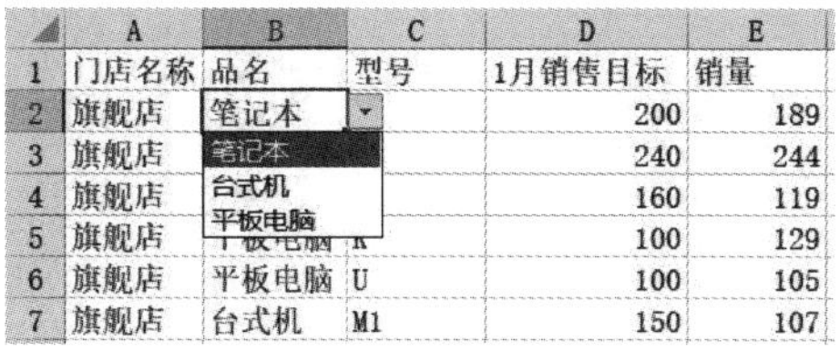

图 5.6 序列输入效果

操作步骤:

(1) 打开"电脑销售.xlsx"工作簿。

(2) 选择"1月销售明细"工作表中 B2 至 B28 单元格,单击"数据"选项卡"数据工具"组中的"数据验证"按钮,在"数据验证"对话框的"设置"选项卡中设置允许"序列",在"来源"文本框中输入"笔记本,台式机,平板电脑"(注意序列中的逗号应采用英文逗号),如图 5.7 所示,单击"确定"按钮。

图 5.7　设置数据验证序列

(3) 单击 B2 单元格右侧的三角形,展开输入序列选择要输入的项。

(4) 将文件另存为 EF1-2-2.xlsx。

3. 与其他单元格相关的数据验证★★★

打开"电脑销售.xlsx"工作簿,在"商品价格"工作表中设置数据验证条件:单价应大于0、小于等于进价的1.3倍。输入单价超出范围时,弹出"单价超出范围"警告对话框,显示提示文字"单价应大于0,且不超过进价的1.3倍!",如图5.8所示。将工作簿保存为 EF1-2-3.xlsx。

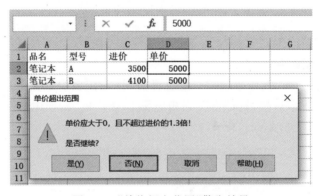

图 5.8　"单价超出范围"警告效果

操作步骤:

(1) 打开"电脑销售.xlsx"工作簿。

(2) 选择"商品价格"工作表中 D2 至 D10 单元格,单击"数据"选项卡"数据工具"组中的"数据验证"按钮,在"数据验证"对话框的"设置"选项卡中设置允许"小数",数据"介于",在最小值中输入0,单击最大值文本框右侧的"折叠对话框"按钮,单击 C2 单元格,系统自动在文本框中填入"=C2"。单击文本框右侧的"展开对话框"按钮,返回"数据验证"对话框,在最大值文本框中=C2后面继续输入"*1.3",表示进价的1.3倍,如图5.9所示。

图 5.9　设置与 C2 单元格相关的数据验证条件

(3) 在"出错警告"选项卡中设置样式为"警告",标题为"单价超出范围",在错误信息中输入"单价应大于 0,且不超过进价的 1.3 倍!",如图 5.10 所示。单击"确定"按钮。

图 5.10　设置"价格超出范围"出错警告信息

(4) 将文件另存为 EF1-2-3.xlsx。

范例 3:编辑表格★

打开"食物营养成分.xlsx"工作簿,完成以下表格编辑操作。将工作簿保存为 EF1-3.xlsx。

(1) 将"蔬菜水果"工作表复制一份,重命名为"食品营养成分"。

(2) 删除"食品营养成分"工作表中的第 22 行。

(3) 在"钙(ug)""能量(Kcal)"两列左侧分别插入一列。

(4) 将"肉类"工作表中数据列表的标题行复制到"食品营养成分"工作表的第一行。将"肉类"工作表中第 2 行到第 8 行的全部数据复制到"食品营养成分"工作表第 22 行开始的区域。

(5)将"食品营养成分"工作表中所有 vitamin 替换为"维生素"。将 A1 到 J27 单元格区域中的空白单元格替换为 0,将 P 列中的空白单元格替换为短横线"-"。

(6)删除"蔬菜水果""肉类"两张工作表。

操作步骤:

(1)打开"食物营养成分.xlsx"工作簿。

(2)右击"蔬菜水果"工作表,在弹出的快捷菜单中选择"移动或复制"选项,在"移动或复制工作表"对话框中选择"建立副本"复选框,如图 5.11 所示,单击"确定"按钮复制工作表。

图 5.11 "移动或复制工作表"对话框

(3)双击复制的工作表"蔬菜水果(2)"标签,将工作表表名改为"食品营养成分",按 Enter 键确认。

(4)选择 A22 单元格,单击"开始"选项卡"单元格"组中的"删除"按钮,选择"删除工作表行"命令,删除第 22 行。

(5)单击 J 列列标签选择 J 列,单击"开始"选项卡"单元格"组中的"插入"按钮,在"钙"列左侧插入一列。选择 P1 单元格,单击"开始"选项卡"单元格"组中的"插入"按钮下方的三角形,选择"插入工作表列"命令,在"能量"列左侧插入一列。

(6)选择"肉类"工作表,单击第 1 行的行标签选择第一行所有单元格。单击"开始"选项卡"剪贴板"组中的"复制"按钮,将第一行数据复制到剪贴板中。选择"食品营养成分"工作表中的 A1 单元格,单击"开始"选项卡"剪贴板"组中的"粘贴"按钮,将剪贴板中的标题行粘贴到从 A1 单元格开始的区域中。采用同样的方法将"肉类"工作表中的第 2 行到第 8 行数据复制到"食品营养成分"工作表中从 A22 单元格开始的区域中。

(7)选择"食品营养成分"工作表中 A1 单元格,单击"开始"选项卡"编辑"组中的"查找和选择"按钮,选择"替换"命令。在"查找和替换"对话框"替换"选项卡的"查找内容"文本框中填入 vitamin,在"替换为"文本框中填入"维生素",如图 5.12 所示,单击"全部替换"按钮完成替换。单击"关闭"按钮关闭对话框。

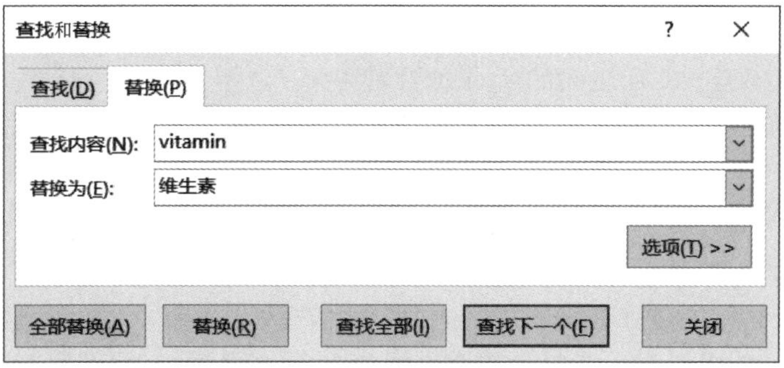

图 5.12 "查找和替换"对话框

(8) 选择"食品营养成分"工作表中 A1 至 J27 单元格区域,单击"替换"命令。在"查找和替换"对话框"替换"标签的查找内容中不填写内容,在替换为文本框中填入 0,单击"全部替换"按钮进行替换。采用同样方法将 P 列中的空单元格替换为"-"。单击"关闭"按钮关闭对话框。

(9) 右击"蔬菜与水果"工作簿标签,在弹出的快捷菜单中选择"删除"选项,系统弹出"Microsoft Excel 将永久删除此工作表"警告,单击"删除"按钮删除工作表。采用同样方法删除"肉类"工作表。

(10) 将文件另存为 EF1-3.xlsx。

范例 4:设置单元格格式

打开"大学生体育测试评分标准.xlsx"工作簿,在"男生"工作表中按如图 5.13 所示完成以下表格格式设置,并将设置后的表格格式复制到"女生"工作表中。将工作簿保存为 EF1-4.xlsx。★

	A	B	C	D	E	F	G	H	I	J	K	L	M	N
1	等级	项目得分	肺活量		坐位体前屈		立定跳远		引体向上		50米		1000米	
2			一年级二年级	三年级四年级	一年级二年级	三年级四年级	一年级二年级	三年级四年级	一年级二年级	三年级四年级	一年级二年级	三年级四年级	一年级二年级	三年级四年级
3	优秀	100	5040	5140	24.9	25.1	273	275	19	20	6.7	6.6	3'17"	3'15"
4		95	4920	5020	23.1	23.3	268	270	18	19	6.8	6.7	3'22"	3'20"
5		90	4800	4900	21.3	21.5	263	265	17	18	6.9	6.8	3'27"	3'25"
6	良好	85	4550	4650	19.5	19.9	256	258	16	17	7	6.9	3'34"	3'32"
7		80	4300	4400	17.7	18.2	248	250	15	16	7.1	7	3'42"	3'40"
8		78	4180	4280	16.3	16.8	244	246			7.3	7.2	3'47"	3'45"
9		76	4060	4160	14.9	15.4	240	242	14	15	7.5	7.4	3'52"	3'50"
10		74	3940	4040	13.5	14	236	238			7.7	7.6	3'57"	3'55"
11	及格	72	3820	3920	12.1	12.6	232	234	13	14	7.9	7.8	4'02"	4'00"
12		70	3700	3800	10.7	11.2	228	230			8.1	8	4'07"	4'05"
13		68	3580	3680	9.3	9.8	224	226	12	13	8.3	8.2	4'12"	4'10"
14		66	3460	3560	7.9	8.4	220	222			8.5	8.4	4'17"	4'15"
15		64	3340	3440	6.5	7	216	218	11	12	8.7	8.6	4'22"	4'20"
16		62	3220	3320	5.1	5.6	212	214			8.9	8.8	4'27"	4'25"
17		60	3100	3200	3.7	4.2	208	210	10	11	9.1	9	4'32"	4'30"
18	不及格	50	2940	3030	2.7	3.2	203	205	9	10	9.3	9.2	4'52"	4'50"
19		40	2780	2860	1.7	2.2	198	200	8	9	9.5	9.4	5'12"	5'10"
20		30	2620	2690	0.7	1.2	193	195	7	8	9.7	9.6	5'32"	5'30"
21		20	2460	2520	-0.3	0.2	188	190	6	7	9.9	9.8	5'52"	5'50"
22		10	2300	2350	-1.3	-0.8	185	185	5	6	10.1	10	6'12"	6'10"

图 5.13 "男生"工作表设置格式效果

(1) 对照图 5.13 将"男生"工作表第一行中的等级、项目得分、各测试项目等单元格设置合并单元格,合并后的单元格对齐方式为水平居中、垂直居中。

(2) 将第二行中所有年级单元格设置为自动换行。

(3) 设置第 C 列至 N 列之间的所有列的列宽为 7。

(4) 将第一列中的评分等级相同的单元格合并,设置文本竖排显示,并在水平、垂直方向都居中对齐。

(5) 为标题行 A1 至 N2 区域设置填充颜色为"蓝色,个性色 1"。

(6) 设置数据区域 A1 至 N22 中所有文字字体为宋体,11 号,标题行 A1 至 N2 区域文字加粗,颜色为"白色,背景 1",其他文字为"黑色,文字 1"。

(7) 为数据区域内所有单元格设置深蓝色细实线内部框线、深蓝色加粗实线外侧框线。

(8) 使用格式刷将"女生"工作表设置为与"男生"工作表相同的格式。

操作步骤:

(1) 打开"大学生体育测试评分标准.xlsx"工作簿,选择"男生"工作表。

(2) 选择 A1 至 A2 单元格,单击"开始"选项卡"对齐方式"组中的"合并后居中"按钮,将 A1、A2 单元格合并为一个单元格并水平居中。选定 A1 单元格,单击"开始"选项卡"对齐方式"组中的"垂直居中"按钮,设置单元格内容垂直居中。采用同样的方法对 B1 与 B2 单元格、C1 与 D1 单元格、E1 与 F1 单元格、G1 与 H1 单元格、I1 与 J1 单元格、K1 与 L1 单元格设置合并后居中,并设置垂直居中。

(3) 选择 C2 至 N2 单元格,单击"开始"选项卡"对齐方式"组中的"自动换行"按钮,设置单元格中文本超过单元格宽度时自动换行。

(4) 选择第 C 列至 N 列,单击"开始"选项卡"单元格"组"格式"按钮中的"列宽"命令,在"列宽"对话框中输入列宽 7,单击"确定"按钮。

(5) 选择 A3 至 A5 单元格,单击"开始"选项卡"对齐方式"组右下角的对话框启动器,在"设置单元格格式"对话框"对齐"选项卡中选择"合并单元格"复选框,在"方向"选项中选择竖排文本,在"水平对齐"和"垂直对齐"下拉列表中都选择"居中",如图 5.14 所示,单击"确定"按钮。采用相同的方法合并其他评分等级单元格并设置竖排文字和对齐方式。

(6) 选择 A1 至 N2 单元格区域,单击"开始"选项卡"字体"组中"填充颜色"按钮右侧的三角形,选择色板中"主题颜色"中的"蓝色、个性色 1",将标题行填充为蓝色。

(7) 选择 A1 至 N22 单元格区域,在"开始"选项卡"字体"组中设置字体为"宋体",字号为 11。选择 A1 至 N2 单元格区域,单击"开始"选项卡"字体"组中的"加粗"按钮,单击"字体颜色"按钮右侧的三角形,选择色板中"主题颜色"中的"白色、背景 1",设置标题行为白色加粗文字。选择 A3 至 N22 单元格区域,在"字体颜色"中选择色板中的"黑色,文字 1",设置数据为黑色。

(8) 选择 A1 至 N22 单元格区域,单击"开始"选项卡"字体"组"边框"按钮右侧的三角形,执行"其他边框"命令。在"设置单元格格式"对话框"边框"选项卡中选择颜色为标准色"深蓝",在线条样式中选择细实线,单击"预置"中的"内部"按钮,设置内部框线。在线条样式中选择加粗实线,单击"预置"中的"外边框"按钮,设置加粗外部框线,如图 5.15 所示。单击"确定"按钮。

(9) 选择"男生"工作表 A1 至 N22 区域,单击"开始"选项卡"剪贴板"组中的"格式刷"按钮,复制已设置的男生体测评分标准表的格式。单击"女生"工作表,从 A1 单元格按下鼠标,拖动到 N22 单元格,将复制的格式应用到女生体测标准表中。

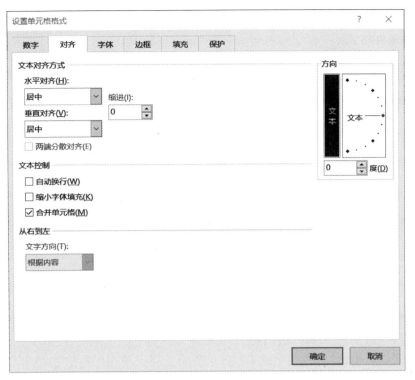

图 5.14 "设置单元格格式"对话框"对齐"选项卡

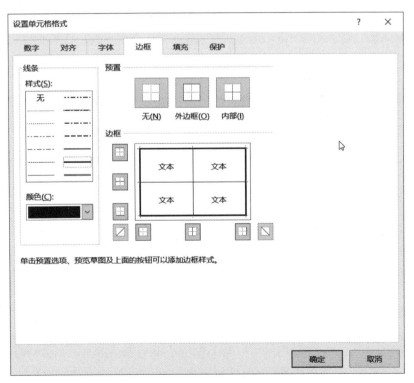

图 5.15 "设置单元格格式"对话框"边框"选项卡

(10) 将文件另存为 EF1-4.xlsx。

范例5：条件格式
1. 突出显示规则★

打开"电脑销售.xlsx"工作簿，在"商品价格"工作表中设置条件格式，将"进价"列中进价介于3500到4500之间（含3500、4500）的单元格中的进价采用标准色蓝色、加粗显示，如图5.16所示。将工作簿保存为 EF1-5-1.xlsx。

	A	B	C	D	E
1	品名	型号	进价	单价	利润
2	笔记本	A	3500	4200	
3	笔记本	B	4100	5000	
4	笔记本	C	5300	6400	
5	平板电脑	K	2800	3300	
6	平板电脑	U	3200	4100	
7	台式机	M1	2800	3500	
8	台式机	M2	3200	4000	
9	台式机	P1	4200	5100	
10	台式机	P2	4800	6000	

图5.16 突出显示进价在3500至4500单元格效果

操作步骤：

(1) 打开"电脑销售.xlsx"工作簿。

(2) 选择"商品价格"工作表中的C2至C10单元格。单击"开始"选项卡"样式"组中的"条件格式"按钮，在列表中选择"突出显示单元格规则"中的"介于"。在"介于"对话框中设置介于的值为3500到4500，如图5.17所示。在"设置为"列表中选择"自定义格式"，在弹出的"设置单元格格式"对话框中设置字体颜色为标准色蓝色，字形为加粗，单击"确定"按钮返回"介于"对话框。继续单击"确定"按钮完成设置。

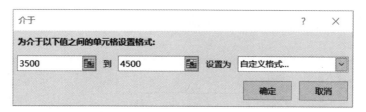

图5.17 突出显示单元格格式"介于"对话框

(3) 将文件另存为 EF1-5-1.xlsx。

2. 项目选取规则★★

打开"电脑销售.xlsx"工作簿，在"商品价格"工作表的单价列中设置条件格式，将单价前三的单元格设置为标准色红色、加粗文本，将单价最低的单元格设置为标准色绿色、倾斜文本，如图5.18所示。将工作簿保存为 EF1-5-2.xlsx。

操作步骤：

(1) 打开"电脑销售.xlsx"工作簿。

(2) 选择"商品价格"工作表中的D2至D10单元格区域。单击"开始"选项卡"样式"组中的"条件格式"按钮，在列表中选择"项目选取规则"中的"前10项"。在"前10项"对话框中设置单元格数量为3，设置格式为"自定义格式"，在"设置单元格格式"对话框中设置字体颜色为标准色红色，字形加粗，如图5.19所示。单击"确定"按钮完成设置。

图 5.18　设置单价前三及单价最低单元格条件格式效果

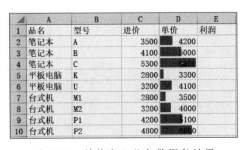

图 5.19　项目选取规则"前 10 项"对话框

（3）选择"商品价格"工作表中的 D2 至 D10 单元格区域。单击"开始"选项卡"样式"组中的"条件格式"按钮,在列表中选择"项目选区规则"中的"最后 10 项",在"最后 10 项"对话框中设置单元格数量为 1,设置格式为"自定义格式",在"设置单元格格式"对话框中设置字体颜色为标准色绿色,字形倾斜。单击"确定"按钮完成设置。

（4）将文件另存为 EF1-5-2.xlsx。

3. 数据条★★

打开"电脑销售.xlsx"工作簿,在"商品价格"工作表中的单价列中使用实心蓝色数据条展示各商品价格的对比情况,要求数据条最小值表示价格为 3000 元,数据条最大值表示价格为 6500 元,数据条效果如图 5.20 所示。将工作簿保存为 EF1-5-3.xlsx。

图 5.20　单价实心蓝色数据条效果

操作步骤：

（1）打开"商品价格"工作簿。

（2）选择"商品价格"工作表中的 D2 至 D10 单元格区域。单击"开始"选项卡"样式"组中的"条件格式"按钮,在列表中选择"数据条"中的"实心填充蓝色数据条"。

（3）继续选择 D2 至 D10 单元格区域,单击"条件格式"按钮中的"管理规则",打开"条件格式规则管理器"对话框,如图 5.21 所示。在规则列表中选择"数据条",单击"编辑规则"按钮,打开"编辑格式规则"对话框。设置最小值类型为"数字",值为 3000,最大值类型为"数字",值为 6500,如图 5.22 所示。依次单击"确定"按钮,完成设置。

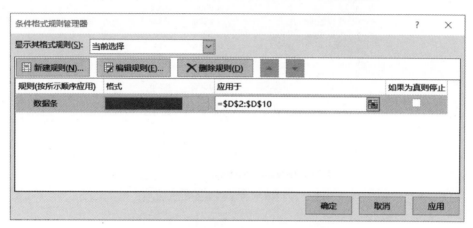

图 5.21 "条件格式规则管理器"对话框

图 5.22 "编辑格式规则"对话框

(4) 将文件另存为 EF1-5-3.xlsx。

4. 与公式相关的条件格式★★★

打开"电脑销售.xlsx"工作簿,在"1 月销售明细"工作表中设置条件格式,将"销量"列中销量大于等于对应销售目标的单元格设置为标准色蓝色、加粗显示,将销量低于对应销售目标

80%的单元格设置为标准色红色、倾斜显示如图 5.23 所示。将工作簿保存为 EF1-5-4.xlsx。

	A	B	C	D	E
1	门店名称	品名	型号	1月销售目标	销量
2	旗舰店	笔记本	A	200	189
3	旗舰店	笔记本	B	240	**244**
4	旗舰店	笔记本	C	160	*119*
5	旗舰店	平板电脑	K	100	**129**
6	旗舰店	平板电脑	U	100	**105**
7	旗舰店	台式机	M1	150	*107*
8	旗舰店	台式机	M2	180	**191**
9	旗舰店	台式机	P1	200	**206**
10	旗舰店	台式机	P2	150	**194**
11	一店	笔记本	A	100	**108**
12	一店	笔记本	B	140	124
13	一店	笔记本	C	100	83
14	一店	平板电脑	K	80	70
15	一店	平板电脑	U	80	71
16	一店	台式机	M1	80	72
17	一店	台式机	M2	100	90
18	一店	台式机	P1	80	*61*
19	一店	台式机	P2	60	**62**

图 5.23 “销量”列条件格式设置结果

操作步骤：

(1) 打开“商品价格”工作簿。

(2) 选择“1 月销售明细”工作表中的 E2 至 E28 单元格。单击“开始”选项卡“样式”组中的“条件格式”按钮，在列表中选择“突出显示单元格规则”中的“其他规则”。在“新建格式规则”对话框中设置选择规则类型为“只为包含以下内容的单元格设置格式”。在编辑规则说明的下拉列表中设置“单元格值”“大于或等于”。单击条件后面输入框右侧的“折叠对话框”按钮，选择第一个销量单元格 E2 对应的销售目标 D2 单元格，系统自动填入公式“=$D$2”。单击“展开对话框”按钮展开对话框，删除公式中的 $，将 D2 单元格的引用方式改为相对引用，如图 5.24 所示。单击“格式”按钮，在“设置单元格格式”对话框设置字体为标准色蓝色、加粗。单击“确定”按钮。

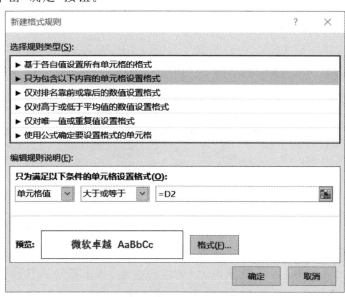

图 5.24 “新建格式规则”对话框

（3）选择"1月销售明细"工作表中的 E2 至 E28 单元格。再次添加"突出显示单元格规则"中的"其他规则"。在"新建格式规则"对话框中设置选择规则类型为"只为包含以下内容的单元格设置格式"，规则为"单元格值""小于""＝D2＊0.8"，并设置字体格式为标准色红色、倾斜。单击"确定"按钮。

（4）将文件另存为 EF1-5-4.xlsx。

三、实验练习

项目背景：小明同学是班级学习委员，需要将班上同学们本课程的学习进度数据制作成表格保存，并对表格进行美化。

练习1：新建一个 Excel 工作簿文件，在 Sheet1 工作表中输入如图 5.25 所示数据。将工作簿保存为 E1-1.xlsx。★

	A	B	C	D	E	F	G	H	I
1	学号	姓名	性别	专业	学习进度	视频观看比例	最近访问日期	作业得分	测验得分
2	02101801	魏诗晗	女	金融	1/5	20.3%	2020年9月18日	98.0	89.0
3	02101802	余渝	男	金融	2/5	41.5%	2020年9月18日	69.0	96.0
4	02101803	张扬	男	金融	2/5	42.5%	2020年9月18日	61.5	50.0
5	02101804	常文灿	男	金融	2/5	41.5%	2020年9月18日	56.0	55.0
6	02101805	刘婵	女	金融	2/5	43.0%	2020年9月18日	62.0	68.5
7	02101806	肖玲玲	女	金融	2/5	40.2%	2020年9月18日	80.0	79.0
8	02210103	杨梦溪	女	中文	2/5	41.8%	2020年9月19日	97.0	90.5
9	02210104	王超凡	男	中文	2/5	42.4%	2020年9月19日	75.0	82.0
10	02210105	石慧姗	女	中文	1/5	21.0%	2020年9月19日	97.5	92.5
11	02210106	安泽轩	女	中文	1/5	22.7%	2020年9月19日	91.0	57.0

图 5.25　学生学习进度数据

数据类型要求：学号、姓名、性别、专业为文本型；学习进度为分数，分母为一位数；视频观看比例为百分比，保留一位小数；最近访问日期为日期型，＊＊＊＊年＊月＊日格式（不受操作系统影响）；作业得分、测验得分为数值型，保留 1 位小数。

练习2：打开"学习进度.xlsx"工作簿，在 Sheet1 工作表中设置"作业得分"及"测验得分"列中分数验证条件为小数，介于 0 到 100 分之间，如果输入分数超出范围，弹出标题为"分数输入错误"、样式为"停止"的对话框，显示"分数输入超出范围(0-100)"出错信息，如图 5.26 所示。将工作簿另存为 E1-2.xlsx。★

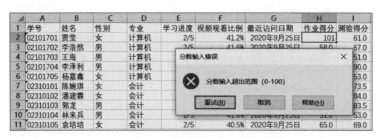

图 5.26　"分数输入错误"对话框

练习3：打开"学习进度.xlsx"工作簿，在 Sheet1 工作表中设置"性别"列只能在列表中选择"男"或"女"，如图 5.27 所示。将工作簿另存为 E1-3.xlsx。★★

练习4：打开"学习进度.xlsx"工作簿，在 Sheet1 工作表中设置"视频观看比例"输入的数值应介于学习进度数值±0.2 范围内，如果超出范围，弹出系统默认的出错提示对话框，如图 5.28 所示。将工作簿另存为 E1-4.xlsx。★★★

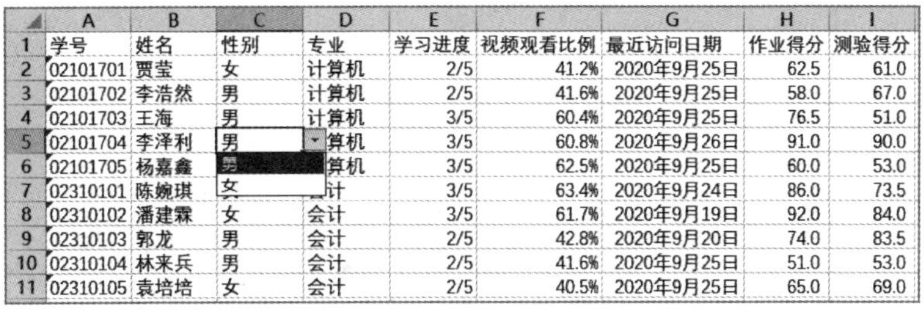

图 5.27 "性别"列的输入序列

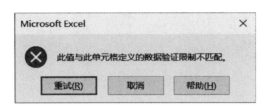

图 5.28 "视频观看比例"超出范围的默认提示对话框

练习5：打开"学习进度.xlsx"工作簿，完成以下编辑操作。将工作簿另存为 E1-5.xlsx。★

（1）将 Sheet1 工作表复制两份，放置在所有工作表的右侧，从左到右依次重命名为"计算机专业学习进度""会计专业学习进度"。

（2）在"计算机专业学习进度"工作表中删除会计专业学生数据，在"会计专业学习进度"工作表中删除计算机专业学生数据。

（3）在"计算机专业学习进度"工作表左侧插入一张工作表，重命名为"计算机专业讨论情况"。

（4）将"讨论成绩.xlsx"工作簿"讨论成绩"工作表中 A1 至 C6 单元格区域中的学号、姓名、讨论次数数据（包含标题行）复制到"计算机专业讨论情况"工作表从 A1 单元格开始的连续区域中。

（5）在"计算机专业学习进度"工作表"作业得分"列左侧插入一列，将"计算机专业讨论情况"表中"讨论次数"列的数据复制到插入的空列中。

（6）删除 Sheet2 工作表。

（7）将工作簿另存为 E1-5.xlsx。

练习6：打开"学习进度.xlsx"工作簿，在 Sheet1 工作表中对照图 5.29 所示效果，完成以下格式设置操作。将工作簿另存为 E1-6.xlsx★

（1）在数据区域上方插入一行，在 A1 单元格输入"学习进度表"，设置字体为黑体、字号 16。将 A1 到 I1 单元格区域合并并水平居中对齐。

（2）设置 A2 到 I12 单元格区域中所有单元格字体为宋体，12号，水平居中，垂直居中。设置表格标题行字体加粗。

（3）设置 A2 到 I12 单元格区域所有单元格边框为主题颜色"黑色，文字1"，数据区域内部为细实线边框，数据区域外侧为双线边框。

（4）将数据区域标题行设置为标准色蓝色填充，标题行文字颜色为主题颜色"白色，背景1",将数据行设置为标准色橙色填充,数据行文字为主题颜色"黑色,文字1"。

(5) 设置第 2 至 12 行行高为 20。

(6) 完成所有操作后,将工作簿另存为 E1-6.xlsx。

图 5.29　学习进度表格式设置效果

练习 7:打开"学习进度.xlsx"工作簿,将"测验得分"列中不及格的成绩设为红色加粗显示,如图 5.30 所示。将工作簿另存为 E1-7.xlsx。★

图 5.30　红色加粗显示不及格成绩

练习 8:打开"学习进度.xlsx"工作簿,将"作业得分"列中前三名的单元格设置为"绿色填充深绿色文本",在"视频观看比例"列中显示视频观看比例为绿色实心填充数据条,数据条填满表示 1,数据条为空表示 0,如图 5.31 所示。将工作簿另存为 E1-8.xlsx。★★

图 5.31　设置项目选取规则及进度条效果

练习 9:打开"学习进度.xlsx"工作簿,将"测验得分"列中测验得分低于作业得分的成绩显示为标准色绿色、倾斜效果,如图 5.32 所示。将工作簿另存为 E1-9.xlsx。★★★

四、实验思考

(1) 为什么 Word 表格里的单元格可以拆分,Excel 工作表中单元格只有合并没有

学号	姓名	性别	专业	学习进度	视频观看比例	最近访问日期	作业得分	测验得分
02101701	贾莹	女	计算机	2/5	41.2%	2020年9月25日	62.5	*61.0*
02101702	李浩然	男	计算机	2/5	41.6%	2020年9月25日	58.0	67.0
02101703	王海	男	计算机	3/5	60.4%	2020年9月25日	76.5	*51.0*
02101704	李泽利	男	计算机	3/5	60.8%	2020年9月26日	91.0	*90.0*
02101705	杨嘉鑫	女	计算机	3/5	62.5%	2020年9月25日	60.0	*53.0*
02310101	陈婉琪	女	会计	3/5	63.4%	2020年9月24日	86.0	*73.5*
02310102	潘建霖	女	会计	3/5	61.7%	2020年9月19日	92.0	*84.0*
02310103	郭龙	男	会计	2/5	42.8%	2020年9月20日	74.0	83.5
02310104	林来兵	男	会计	2/5	41.6%	2020年9月25日	51.0	*53.0*
02310105	袁培培	女	会计	2/5	40.5%	2020年9月25日	65.0	69.0

图 5.32　绿色倾斜显示低于作业得分的测验得分

拆分？

(2) 如果设置 A1 单元格为数字型，保留 2 位小数，并输入数据 12.3456，单元格中显示的数值和编辑栏中显示的数值分别是多少？如果 A1 单元格参与计算，会采用哪个值进行计算？

(3) 设置单元格数字类型为分数后，输入分数 1/8，单元格中将显示什么值？编辑栏中又显示什么值？这说明分数在计算机中是如何存放的？

(4) 数据验证能否保证表格中的数据完全正确？

(5) 在设置数据验证时，出错警告信息有"停止、警告、信息"三种样式。这三种样式有哪些区别，Excel 为什么要提供三种不同警告样式？

(6) 对一个单元格设置格式后，有哪些方法能快速将设置的格式应用到其他单元格中？

(7) Word 表格和 Excel 在处理表格时各有哪些优势？什么样的表格你会选择用 Word 处理，什么样的表格你又会选择在 Excel 中处理？

实验项目二　公式与函数

一、实验目的

(1) 理解公式、运算符、函数的基本概念。

(2) 掌握公式的输入和编辑方法，能灵活运用公式对数据进行统计计算。

(3) 理解相对引用、绝对引用、混合引用的地址变化规则，能根据需要正确选择引用方式。

(4) 掌握常用函数的功能及用法，能灵活选择各种函数解决实际问题。

二、实验范例

范例 1：基本公式与基本函数

1. 基本公式★

打开"电脑销售.xlsx"工作簿，完成以下计算。将工作簿保存为 EF2-1-1.xlsx。

(1) 在"1月销售明细"工作表 F2 至 F28 单元格区域中计算各门店每种商品完成 1 月销售目标的百分比，计算结果用百分数形式显示，并在格式中设置保留一位小数。

(2) 在"商品价格"工作表 E2 至 E10 单元格区域中计算每种商品的利润。利润计算公式为：利润＝(单价-进价)×30％。

(3) 在“商品价格”工作表F2至F10单元格区域中将每种商品的品名、型号和单价连接在一起显示，显示形式为“笔记本A单价4200元”。

操作步骤：

(1) 打开“电脑销售”工作簿。

(2) 选择“1月销售明细”工作表中的F2单元格，输入公式：=E2/D2，单击编辑栏左侧的“输入”按钮完成公式输入。选择F2单元格，在“开始”选项卡“数字”组中设置单元格类型为“百分比”，并设置小数位数为1位。双击或向下拖动F2单元格右下角的填充柄，将公式填充到F3至F28单元格，公式及计算结果如图5.33所示。

F2 =E2/D2

	A	B	C	D	E	F	G	H
1	门店名称	品名	型号	1月销售目标	销量	完成销售目标百分比	销售提成比例	销售额
2	旗舰店	笔记本	A	200	189	94.5%		
3	旗舰店	笔记本	B	240	244	101.7%		
4	旗舰店	笔记本	C	160	119	74.4%		
5	旗舰店	平板电脑	K	100	129	129.0%		
6	旗舰店	平板电脑	U	100	105	105.0%		
7	旗舰店	台式机	M1	150	107	71.3%		
8	旗舰店	台式机	M2	180	191	106.1%		
9	旗舰店	台式机	P1	200	206	103.0%		

图5.33 计算完成销售目标百分比

(3) 选择“商品价格”工作表中的E2单元格，输入公式：=(D2-C2)*30%，单击“输入”按钮完成公式输入。双击E2单元格右下角的填充柄，将公式填充到E3至E10单元格。

(4) 选择“商品价格”工作表中的F2单元格，输入公式：=A2&B2&"单价"&D2&"元"，单击“输入”按钮确认。输入公式时，可以通过单击A2、B2、D2单元格，自动填入单元格地址。双击F2单元格的填充柄，将公式填充到F3至F10单元格。公式及计算结果如图5.34所示。

F2 =A2&B2&"单价"&D2&"元"

	A	B	C	D	E	F
1	品名	型号	进价	单价	利润	
2	笔记本	A	3500	4200	210	笔记本A单价4200元
3	笔记本	B	4100	5000	270	笔记本B单价5000元
4	笔记本	C	5300	6400	330	笔记本C单价6400元
5	平板电脑	K	2800	3300	150	平板电脑K单价3300元
6	平板电脑	U	3200	4100	270	平板电脑U单价4100元
7	台式机	M1	2800	3500	210	台式机M1单价3500元
8	台式机	M2	3200	4000	240	台式机M2单价4000元
9	台式机	P1	4200	5100	270	台式机P1单价5100元
10	台式机	P2	4800	6000	360	台式机P2单价6000元
11						

图5.34 连接商品信息和单价

(5) 将文件另存为EF2-1-1.xlsx。

2. 基本函数★

打开“电脑销售.xlsx”工作簿，完成以下计算。将工作簿保存为EF2-1-2.xlsx。

(1) 在“上半年销售情况”工作表J2至J10单元格中计算上半年每件商品的总销量。

(2) 在"上半年销售情况"工作表 K2 至 K10 单元格中计算每件商品每月平均销量,使用 INT 函数将平均销量四舍五入保留一位小数。

(3) 在"上半年销售情况"工作表中,判断每种电脑是否完成上半年销售目标。若完成,在 L 列对应单元格中填写"完成",否则填写"未完成"。

(4) 在"商品价格"工作表 C14 单元格中统计公司代理销售电脑的品种总数。

(5) 分别在"商品价格"工作表 C15、C16 单元格统计单价最高电脑和最低电脑的价格。

操作步骤:

(1) 打开"电脑销售"工作簿。

(2) 选择"上半年销售情况"工作表中的 J2 单元格,单击"公式"选项卡"函数库"组中的"自动求和"按钮,系统自动填入求和函数公式:=SUM(C2:I2)。此时求和范围错误,删除公式中的求和区域"C2:I2",使用鼠标拖动选择 D2 至 I2 单元格区域,重新选择求和范围,将公式改为:=SUM(D2:I2),单击"输入"按钮确认。双击 J2 单元格右下角的填充柄,将公式填充复制到 J3 至 J10 单元格。

(3) 选择"上半年销售情况"工作表中的 K2 单元格,单击"公式"选项卡"函数库"组中的"自动求和"按钮右侧三角形,选择"平均值"命令,选择求值范围为 D2:I2 单元格区域,填入公式:=AVERAGE(D2:I2),单击"输入"按钮得到商品的月平均销量。选定 J2 单元格,在编辑栏中将公式修改为:=INT(AVERAGE(D2:I2)*10+0.5)/10,将平均销量四舍五入保留 1 位小数,如图 5.35 所示。确认公式后,将公式填充复制到 K3 至 K10 单元格。

	A	B	C	D	E	F	G	H	I	J	K	L
1	品名	型号	上半年销售目标	1月	2月	3月	4月	5月	6月	总销量	月平均销量	完成情况
2	笔记本	A	2000	399	286	354	378	305	279	2001	333.5	
3	笔记本	B	2500	456	524	547	486	459	548	3020	503.3	
4	笔记本	C	1500	280	336	168	196	224	280	1484	247.3	
5	平板电脑	K	1200	244	195	195	146	317	195	1292	215.3	
6	平板电脑	U	1200	242	169	169	193	363	242	1378	229.7	
7	台式机	M1	2000	262	262	366	157	366	314	1727	287.8	
8	台式机	M2	2000	428	499	357	385	299	385	2353	392.2	
9	台式机	P1	1800	333	399	166	199	432	399	1928	321.3	
10	台式机	P2	1800	358	286	467	358	214	286	1969	328.2	

图 5.35 计算商品月平均销量并保留 1 位小数

(4) 选择"上半年销售情况"工作表中的 L2 单元格,单击"公式"选项卡"函数库"组中的"插入函数"按钮,在"插入函数"对话框中选择函数类别"逻辑",选择函数 IF,如图 5.36 所示,单击"确定"按钮。在"函数参数"对话框的测试条件中填入条件"J2>=C2",在条件为真的返回值中填入"已完成",条件为假的返回值中填入"未完成",如图 5.37 所示,单击"确定"按钮。将公式填充复制到 L3 至 L10 单元格,得到每种电脑销售完成情况,如图 5.38 所示。

(5) 选择"商品价格"工作表的 C14 单元格,单击"公式"选项卡"函数库"组中的"自动求和"按钮右侧三角形,选择"计数"命令,设置计数范围为数值型单元格区域 C2:C10,此时公式为:=COUNT(C2:C10)。单击"输入"按钮得到电脑的品种总数。

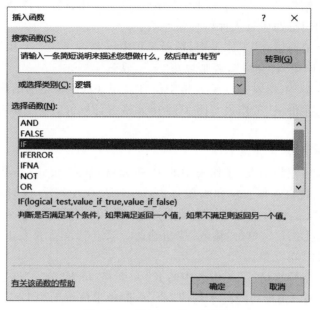

图 5.36 "插入函数"对话框

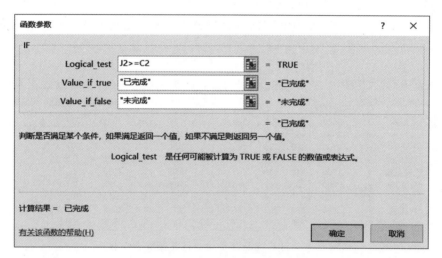

图 5.37 "函数参数"对话框

图 5.38 判断商品销售目标完成情况

(6) 选择“商品价格”工作表的 C15 单元格，单击“公式”选项卡“函数库”组中的“自动求和”按钮右侧三角形，选择“最大值”命令，设置求最大值范围为单元格区域 D2:D10，填入公式：=MAX(D2:D10)。单击“输入”按钮得到单价最高电脑价格。采用同样方法在 C16 单元格输入公式：=MIN(D2:D10)，得到单价最低电脑的价格。

(7) 将文件另存为 EF2-1-2. xlsx。

3. IF 函数的嵌套★★

打开“电脑销售. xlsx”工作簿，在“1 月销售明细”工作簿中根据销量和 1 月销售目标填写销售提成比例。提成规则如下：超过销售目标的 120%，销售提成比例为 0.1；完成销售目标但未超过销售目标的 120%，销售提成比例为 0.05；未完成销售目标，销售提成比例为 0。将工作簿保存为 EF2-1-3. xlsx。

操作步骤：

(1) 打开“电脑销售”工作簿。

(2) 选择“1 月销售明细”工作表中的 G2 单元格，在编辑栏中输入公式：=IF(E2>D2 * 1.2,0.1,IF(E2>=D2,0.05,0))，单击“输入”按钮确认。

(3) 将公式向下填充复制到 G28 单元格。公式及计算结果如图 5.39 所示。

G2 =IF(E2>D2*1.2,0.1,IF(E2>=D2,0.05,0))

	A	B	C	D	E	F	G	H
1	门店名称	品名	型号	1月销售目标	销量	完成销售目标百分比	销售提成比例	销售额
2	旗舰店	笔记本	A	200	189		0	
3	旗舰店	笔记本	B	240	244		0.05	
4	旗舰店	笔记本	C	160	119		0	
5	旗舰店	平板电脑	K	100	129		0.1	
6	旗舰店	平板电脑	U	100	105		0.05	

图 5.39　计算销售提成比例

(4) 将文件另存为 EF2-1-2. xlsx。

范例 2：单元格引用

1. 绝对引用★

在“教师招聘考试成绩. xlsx”工作簿“招聘考试成绩”工作表中计算每位应聘者的综合成绩。综合成绩=笔试成绩 * 笔试成绩比例+面试成绩 * 面试成绩比例。将工作簿文件保存为 EF2-2-1. xlsx。

操作步骤：

(1) 打开“教师招聘考试成绩. xlsx”工作簿。

(2) 选择“招聘考试成绩”工作表中的 H2 单元格，输入公式：=F2 * L1+G2 * L2，计算第一位考生的综合成绩。

(3) 由于公式中笔试成绩比例和面试成绩比例对应的 L1 和 L2 单元格在公式复制时应保持原来位置不变，所以需要转换为绝对引用。选择 H2 单元格，在编辑栏中将光标依次定位到 L1、L2 单元格地址，按 F4 键，将两个单元格的引用方式设置为绝对引用。或者在编辑栏中，直接在 L1、L2 单元格地址的行号和列标前加入绝对引用符号“$”。单击“输入”按钮确认。

(4) 将公式向下填充复制到 H43 单元格。公式及计算结果如图 5.40 所示。

(5) 将文件另存为 EF2-2-1. xlsx。

图 5.40　计算综合成绩

2. 混合引用★★

"存款.xlsx"工作簿"存款利率"工作表 B3 至 E4 单元格为某银行不同年限的存款利率。请在 B5 至 E10 单元格区域计算不同本金存 1 年、2 年、3 年、5 年后的本利和。计算公式为：本利和＝本金＊(1＋存期年数＊年利率)。将工作簿文件保存为 EF2-2-2.xlsx。

操作步骤：

（1）打开"存款.xlsx"工作簿。

（2）在"存款利率"工作表 B5 单元格中输入公式：＝A5＊(1＋B3＊B4)，计算 100 元存 1 年后的本利和。

（3）分析 B5 单元格的公式，当公式向右移动时，公式中引用的 A5 单元格不向右移动，而 B3、B4 单元格要向右移动，所以 A5 单元格的列号应采用绝对引用，B3、B4 单元格列号应采用相对引用。当公式向下移动时，公式中引用的 A5 单元格要随之向下移动，而 B3、B4 单元格不向下移动，所以 A5 单元格的行号应采用相对引用，B3、B4 单元格行号应采用绝对引用。选择 B5 单元格，在编辑栏中修改公式中 A5、B3、B4 单元格的引用方式，修改后的公式为：＝＄A5＊(1＋B＄3＊B＄4)，单击"输入"按钮确认。

（4）将 B5 单元格向下填充复制到 B10 单元格，再选择 B5 至 B10 单元格区域，向右填充复制到 E5 至 E10 单元格区域。公式及计算结果如图 5.41 所示。

图 5.41　定期存款到期本利和

（5）将文件另存为 EF2-2-2.xlsx。

3. 基本公式综合运用★★★

在"乘法表.xlsx"工作簿"下三角乘法表"工作表中完成下三角乘法表。将工作簿文件保存为 EF2-2-3.xlsx。

操作步骤：

（1）打开"乘法表"工作簿。

(2) 在“下三角乘法表”工作表 C3 单元格中输入公式：=IF(B3>=C2,B3&"*"&C2&"="&B3*C2,"")。公式中使用 IF 函数判断两个乘数的大小，当 B3 单元格的乘数 a 大于等于 C2 单元格的乘数 b 时，在单元格中显示对应乘法算式，否则显示空单元格。

(3) 分析 C3 单元格的公式，当公式向下填充时，B3 单元格中的乘数 a 要向下移动，C2 单元格中的乘数 b 不动，所以 B3 单元格行号应采用相对引用，C2 单元格行号应采用绝对引用，当公式向右填充时，B3 单元格中的乘数 a 不动，C2 单元格中的乘数 b 向右移动，所以 B3 单元格列号应采用绝对引用，C2 单元格列号应采用相对引用。选定 C3 单元格，在编辑栏中将公式修改为：=IF($B3>=C$2,$B3&"*"&C$2&"="&$B3*C$2,"")，单击“输入”按钮确认。

(4) 将 C3 单元格向下填充复制到 C11 单元格，再选择 C3 至 C11 单元格区域，向右填充复制到 K3 至 K11 单元格区域。公式及计算结果如图 5.42 所示。

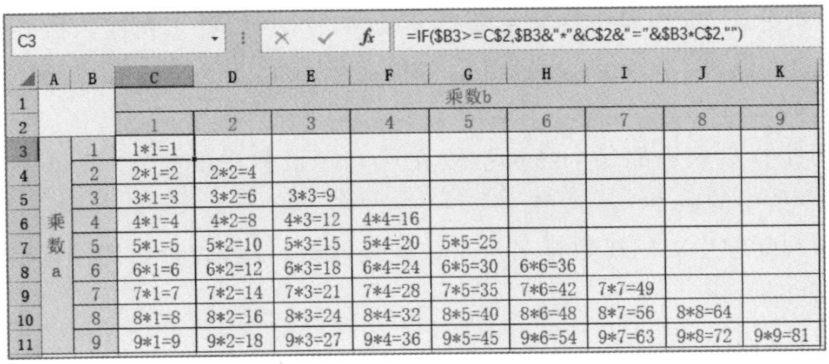
C3 =IF($B3>=C$2,$B3&"*"&C$2&"="&$B3*C$2,"")

	A	B	C	D	E	F	G	H	I	J	K
1			乘数b								
2			1	2	3	4	5	6	7	8	9
3	乘数a	1	1*1=1								
4		2	2*1=2	2*2=4							
5		3	3*1=3	3*2=6	3*3=9						
6		4	4*1=4	4*2=8	4*3=12	4*4=16					
7		5	5*1=5	5*2=10	5*3=15	5*4=20	5*5=25				
8		6	6*1=6	6*2=12	6*3=18	6*4=24	6*5=30	6*6=36			
9		7	7*1=7	7*2=14	7*3=21	7*4=28	7*5=35	7*6=42	7*7=49		
10		8	8*1=8	8*2=16	8*3=24	8*4=32	8*5=40	8*6=48	8*7=56	8*8=64	
11		9	9*1=9	9*2=18	9*3=27	9*4=36	9*5=45	9*6=54	9*7=63	9*8=72	9*9=81

图 5.42　下三角乘法表

(5) 将文件另存为 EF2-2-3.xlsx。

范例 3：常用函数

1. AND、OR 函数★★

在“天气.xlsx”工作簿“9 月天气预测”工作表中根据天气状况判断是否适宜晾晒和适宜出游，分别在 G2 至 G16、H2 至 H16 单元格中填写“适宜”或“不适宜”。适宜晾晒标准为：天气为晴或多云，适宜出游标准为：天气为晴并且最高气温低于 32℃。将文件保存为 EF2-3-1.xlsx。

操作步骤：

(1) 打开“天气.xlsx”工作簿。

(2) 选择“9 月天气预测”工作表中的 G2 单元格，在编辑栏中输入公式：=IF(OR(D2="晴",D2="多云"),"适宜","不适宜")，单击“输入”按钮确认。

(3) 选择“9 月天气预测”工作表中的 H2 单元格，在编辑栏中输入公式：=IF(AND(D2="晴",B2<32),"适宜","不适宜")，单击“输入”按钮确认。

(4) 将 G2、H2 单元格分别向下填充复制到 G16、H16 单元格，计算结果如图 5.43 所示。

(5) 将文件另存为 EF2-3-1.xlsx。

2. RANDBETWEEN、RAND、RANK、MOD ★★★

在“随机数.xlsx”工作簿中利用随机数函数完成以下计算。将文件保存为 EF2-3-2.xlsx。

H2 =IF(AND(D2="晴",B2<32),"适宜","不适宜")

	A	B	C	D	E	F	G	H
1	日期	最高气温（℃）	最低气温（℃）	天气	风向	风力（级）	适宜晾晒	适宜出游
2	9月1日	32	26	阴	西北风	2	不适宜	不适宜
3	9月2日	30	25	小雨	东北风	2	不适宜	不适宜
4	9月3日	33	26	晴	西北风	2	适宜	不适宜
5	9月4日	31	25	晴	西北风	1	适宜	适宜
6	9月5日	32	26	阴	东南风	1	不适宜	不适宜

图 5.43　判断是否适宜晾晒及出游

(1) 在“随机验证码”工作表中生成 20 个由四位数字组成的随机验证码。验证码生成方法如下：

① 在 A2 至 D21 单元格生成一位随机整数。

② 在 E2 至 E21 单元格将同一行的四个随机数字连接成验证码。

(2) 在“随机分组”工作表中将学生随机分成 A、B 两组，要求每组人数相等。分组方法如下：

① 在第 C 列为每位学生生成一个随机小数。

② 在 D 列计算 C 列中的每个随机小数在所有随机数中的排名，使每个学生对应一个无重复的随机序列中的数字。

③ 在 E 列判断学生的随机数排名是奇数还是偶数，排名为奇数的同学分配 A 组，排名为偶数的同学分配 B 组。

操作步骤：

(1) 打开“随机数.xlsx”工作簿。

(2) 选择“随机验证码”工作表 A2 单元格，输入公式：=RANDBETWEEN(0,9)，单击“输入”按钮确认，产生 0 至 9 之间的一个随机整数。将 A2 单元格公式向右复制填充到 D2 单元格，生成四个随机一位整数。

(3) 选择 E2 单元格，输入公式：=A2&B2&C2&D2，单击“输入”按钮确认，将四个随机数连接成四位验证码。

(4) 选择 A2 至 E2 单元格区域，向下填充复制到 A21 至 E21 单元格区域，生成 20 个随机验证码，如图 5.44 所示。

E2 =A2&B2&C2&D2

	A	B	C	D	E	F	G
1	第1位	第2位	第3位	第4位	验证码		
2	8	5	4	1	8541		
3	7	0	9	1	7091		
4	3	8	5	8	3858		
5	0	7	7	8	0778		
6	2	5	9	3	2593		

图 5.44　生成随机验证码

(5) 选择“随机分组”工作表 C2 单元格，输入公式：=RAND()，单击“输入”按钮确认，产生一个随机小数。将公式向下填充复制到 C11 单元格，为每位学生生成一个随机小数。

(6) 选择 D2 单元格，输入公式：=RANK.EQ(C2,$C$2:$C$11)，单击“输入”按钮确认，计算每位同学的随机数在所有学生中的排名。注意排名函数 RANK.EQ 中的排名数据范围“＄C＄2:＄C＄11”应采用绝对引用。将公式向下填充复制到D11单元格,得到每位学生的排名顺序。

(7) 选择E2单元格,输入公式:=IF(MOD(D2,2)=1,"A","B"),如果排名为奇数,将学生分配到A组,否则分配到B组。单击“输入”按钮确认。将公式向下填充复制到E11单元格,得到每位学生的分组号,如图5.45所示。

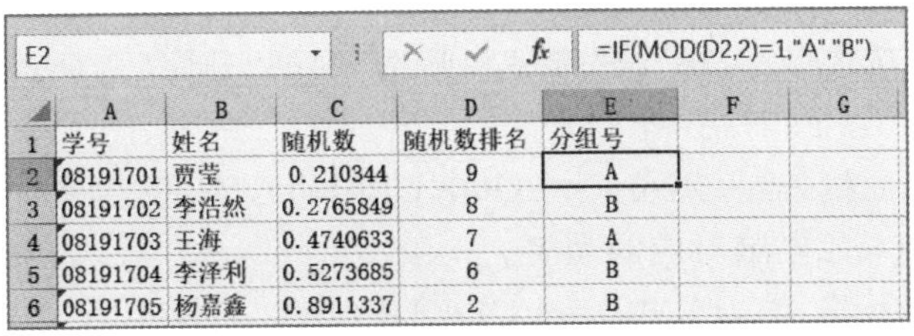

	A	B	C	D	E	F	G
1	学号	姓名	随机数	随机数排名	分组号		
2	08191701	贾莹	0.210344	9	A		
3	08191702	李浩然	0.2765849	8	B		
4	08191703	王海	0.4740633	7	A		
5	08191704	李泽利	0.5273685	6	B		
6	08191705	杨嘉鑫	0.8911337	2	B		

图5.45　根据排名奇偶性分组

(8) 将文件另存为EF2-3-2.xlsx。

3. COUNTIFS、AVERAGEIFS 、ROUND★★

在“教师招聘考试成绩.xlsx”工作簿“招聘考试成绩”工作表中完成以下计算。将文件另存为EF2-3-3.xlsx。

(1) 在E36单元格计算应聘数学科目的男考生人数。

(2) 在E37单元格计算应聘一中语文老师的考生面试平均分,并使用ROUND函数四舍五入保留一位小数。

操作步骤:

(1) 打开“教师招聘考试成绩.xlsx”工作簿。

(2) 选择“招聘考试成绩”工作表E36单元格,输入公式:=COUNTIFS(E2:E33,"数学",C2:C33,"男"),单击“输入”按钮确认,得到应聘数学科目的男考生人数。

(3) 选择E37单元格,输入公式:=ROUND(AVERAGEIFS(G2:G33,D2:D33,"一中",E2:E33,"语文"),1),单击“输入”按钮确认,得到应聘一中语文老师的考生面试平均分,如图5.46所示。

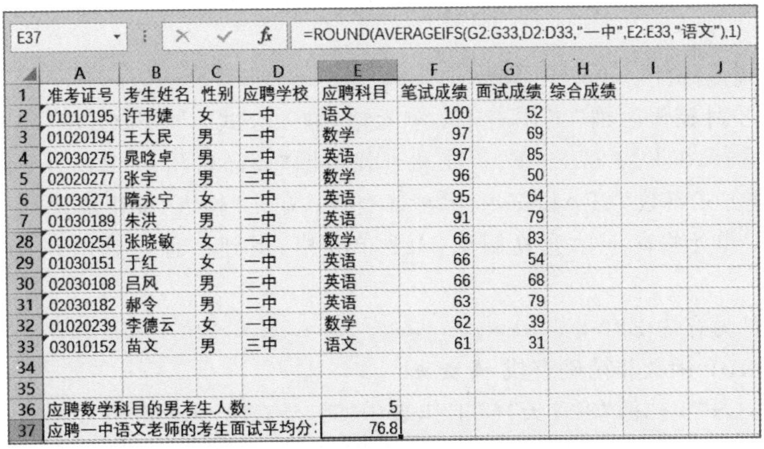

	A	B	C	D	E	F	G	H	I	J
1	准考证号	考生姓名	性别	应聘学校	应聘科目	笔试成绩	面试成绩	综合成绩		
2	01010195	许书婕	女	一中	语文	100	52			
3	01020194	王大民	男	一中	数学	97	69			
4	02030275	晁晗卓	男	二中	英语	97	85			
5	02020277	张宇	男	二中	数学	96	50			
6	01030271	隋永宁	女	一中	英语	95	64			
7	01030189	朱洪	男	一中	英语	91	79			
28	01020254	张晓敏	女	一中	数学	66	83			
29	01030151	于红	女	一中	英语	66	54			
30	02030108	吕风	男	二中	英语	66	68			
31	02030182	郝令	男	二中	英语	63	79			
32	01020239	李德云	女	一中	数学	62	39			
33	03010152	苗文	男	三中	语文	61	31			
34										
35										
36	应聘数学科目的男考生人数:				5					
37	应聘一中语文老师的考生面试平均分:				76.8					

图5.46　应聘一中语文老师的考生面试平均分

(4) 将文件另存为 EF2-3-3. xlsx。

4. LOOKUP 函数 ★★★

打开“电脑销售. xlsx”工作簿,在“商品价格”工作表 D18、E18 单元格分别查找单价为 4000 元的电脑的品名和型号。将文件另存为 EF2-3-4. xlsx。

操作步骤:

(1) 打开“电脑销售. xlsx”工作簿。

(2) 单击“开始”选项卡“编辑”组“排序和筛选”中的“升序”命令,将商品价格表按单价的升序排序。

(3) 选择 D18 单元格,输入公式:=LOOKUP(4000,D2:D10,A2:A10),单击“输入”按钮确认,查找单价 4000 元电脑对应的品名。

(4) 选择 E18 单元格,输入公式:=LOOKUP(4000,D2:D10,B2:B10),单击“输入”按钮确认,查找单价 4000 元电脑对应的型号,查找结果如图 5.47 所示。

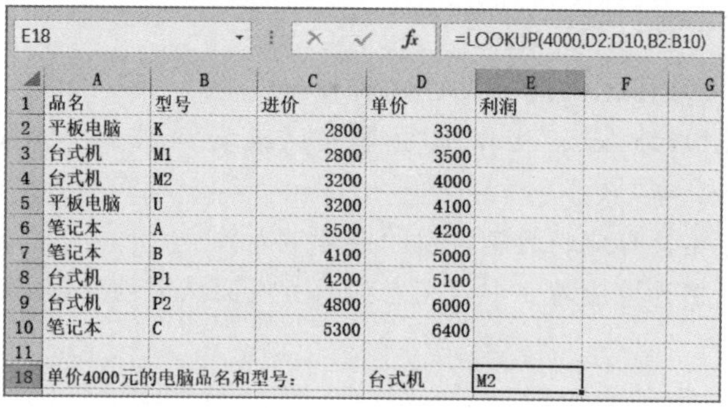

E18 =LOOKUP(4000,D2:D10,B2:B10)

	A	B	C	D	E	F	G
1	品名	型号	进价	单价	利润		
2	平板电脑	K	2800	3300			
3	台式机	M1	2800	3500			
4	台式机	M2	3200	4000			
5	平板电脑	U	3200	4100			
6	笔记本	A	3500	4200			
7	笔记本	B	4100	5000			
8	台式机	P1	4200	5100			
9	台式机	P2	4800	6000			
10	笔记本	C	5300	6400			
11							
18	单价4000元的电脑品名和型号:			台式机	M2		

图 5.47 查找单价 4000 元电脑的品名和型号

(5) 将文件另存为 EF2-3-4. xlsx。

5. VLOOKUP 函数精确查找 ★★★

打开“电脑销售. xlsx”工作簿,在“1 月销售明细”工作表 H2 至 H28 单元格中计算 1 月各店铺每种电脑的销售额。销售额=单价 * 销量,其中每种电脑单价需要根据电脑型号到“商品价格”工作表中查找。将工作簿保存为 EF2-3-5. xlsx。

操作步骤:

(1) 打开“电脑销售. xlsx”工作簿。

(2) 选择“1 月销售明细”工作表 H2 单元格,输入公式:=VLOOKUP(C2,商品价格!$B$2:$D$10,3,FALSE) * E2。注意查找范围“商品价格!$B$2:$D$10”应采用绝对引用,查找方式参数为 FALSE,表示精确查找。单击“输入”按钮确认。

(3) 将 H2 单元格向下填充复制到 H28 单元格,得到每种电脑的销售额,如图 5.48 所示。

(4) 将文件另存为 EF2-3-5. xlsx。

6. VLOOKUP 函数非精确查找 ★★★

在“天气. xlsx”工作簿“8 月天气”工作表中 G2 至 G16 单元格中根据当天风速填写风级,风速与风级对照关系在根据“风力等级划分”工作表中。将文件保存为 EF2-3-6. xlsx。

H2 =VLOOKUP(C2,商品价格!$B$2:$D$10,3,FALSE)*E2

	A	B	C	D	E	H
1	门店名称	品名	型号	1月销售目标	销量	销售额
2	旗舰店	笔记本	A	200	189	793800
3	旗舰店	笔记本	B	240	244	1220000
4	旗舰店	笔记本	C	160	119	761600
5	旗舰店	平板电脑	K	100	129	425700
6	旗舰店	平板电脑	U	100	105	430500

图 5.48 计算每种电脑销售额

操作步骤：

(1) 打开“天气.xlsx”工作簿。

(2) 在“风力等级划分”工作表“风级”列左侧插入“风速起点”辅助列，输入每级风级对应的风速最低值，如图 5.49 所示。

	A	B	C	D	E	F	G	H
1	风速(m/s)	风速起点	风级	名称	陆地地面物象	海面波浪	浪高(m)	最高(m)
2	0.0-0.2	0	0	无风	静，烟直上	平静	0	0
3	0.3-1.5	0.3	1	软风	烟示风向	微波峰无飞沫	0.1	0.1
4	1.6-3.3	1.6	2	轻风	感觉有风	小波峰未破碎	0.2	0.3
5	3.4-5.4	3.4	3	微风	旌旗展开	小波峰顶破裂	0.6	1
6	5.5-7.9	5.5	4	和风	吹起尘土	小浪白沫波峰	1	1.5
7	8.0-10.7	8	5	清风	小树摇摆	中浪折沫峰群	2	2.5
8	10.8-13.8	10.8	6	强风	电线有声	大浪白沫离峰	3	4
9	13.9-17.1	13.9	7	劲风（疾风）	步行困难	破峰白沫成条	4	5.5
10	17.2-20.7	17.2	8	大风	折毁树枝	浪长高有浪花	5.5	7.5
11	20.8-24.4	20.8	9	烈风	小损房屋	浪峰倒卷	7	10
12	24.5-28.4	24.5	10	狂风	拔起树木	海浪翻滚咆哮	9	12.5
13	28.5-32.6	28.5	11	暴风	损毁重大	波峰全呈飞沫	11.5	16
14	32.7-36.9	32.7	12	台风（一级飓风）	摧毁极大	海浪滔天	14	-

图 5.49 插入风速起点辅助列

(3) 选择“8 月天气”工作表 G2 单元格，输入公式：=VLOOKUP(F2,风力等级划分!$B$2:$C$14,2,TRUE)。注意查找范围“风力等级划分!$B$2:$C$14”应采用绝对引用，查找方式参数为 TRUE，表示非精确查找。单击“输入”按钮确认。

(4) 将 G2 单元格向下填充复制到 G16 单元格，得到每天的风级，如图 5.50 所示。

G2 =VLOOKUP(F2,风力等级划分!$B$2:$C$14,2,TRUE)

	A	B	C	D	E	F	G
1	日期	最高气温（℃）	最低气温（℃）	天气	风向	风速（m/s）	风级
2	8月1日	35	26	多云	西北风	2.4	2
3	8月2日	36	27	多云	东北风	2.6	2
4	8月3日	38	26	晴	西北风	1.2	1
5	8月4日	39	27	晴	西北风	0.8	1
6	8月5日	36	26	阴	东南风	3.6	3
7	8月6日	30	24	大雨	西南风	5.6	4
8	8月7日	33	25	小雨	东南风	5.2	3
9	8月8日	32	25	多云	西北风	6.3	4
10	8月9日	29	26	小雨	西南风	3.8	3

图 5.50 根据每天风速计算风级

(5) 将文件另存为 EF2-3-6.xlsx。

7. LEFT、MID、LEN、YEAR、TODAY 函数 ★★★

在“职工工资.xlsx”工作簿“职工信息”工作表中完成以下计算。将文件保存为 EF2-3-

7. xlsx。

(1) 在 E1、F1 单元格分别输入“姓”“名”,使用公式将职工姓名拆分成姓和名两部分,将姓放在 E2 至 E26 单元格中,将名放在 F2 至 F26 单元格中。

(2) 在 G1 单元格分别输入“部门”,根据职工编号的第一位字母判断职工所属部门,结果放在 G2 至 G26 单元格中。部门详细信息在“部门对照”工作表中。

(3) 在 H1 单元格输入“工龄”,在 H2 至 H16 单元格根据每位职工入职日期计算每位职工工龄。工龄=当前系统日期的年份-出生日期的年份。

操作步骤:

(1) 打开“职工工资. xlsx”工作簿。

(2) 选择“职工信息”工作表,在 E1 单元格输入“姓”。选择 E2 单元格,输入公式:=LEFT(B2,1)。单击“输入”按钮确认。

(3) 在 F1 单元格输入“名”。选择 F2 单元格,输入公式:=MID(B2,2,LEN(B2))。单击“输入”按钮确认。

(4) 选择 E2 至 F2 单元格区域,向下填充复制到 E26 至 F26 单元格区域,得到每位学生的姓和名,如图 5.51 所示。

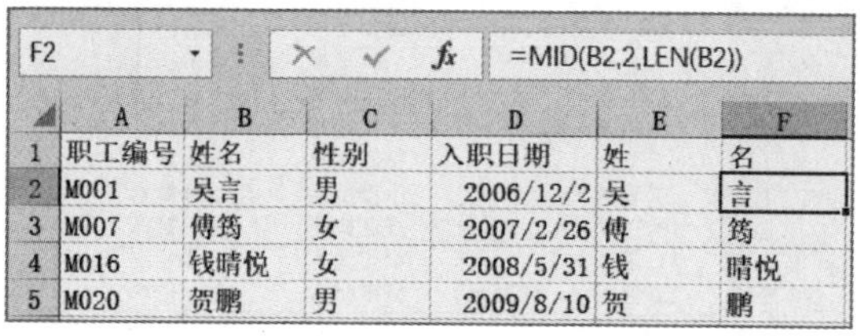

F2 =MID(B2,2,LEN(B2))

	A	B	C	D	E	F
1	职工编号	姓名	性别	入职日期	姓	名
2	M001	吴言	男	2006/12/2	吴	言
3	M007	傅筠	女	2007/2/26	傅	筠
4	M016	钱晴悦	女	2008/5/31	钱	晴悦
5	M020	贺鹏	男	2009/8/10	贺	鹏

图 5.51　拆分职工姓名

(5) 在 G1 单元格输入“部门”。选择 G2 单元格,输入公式:=VLOOKUP(LEFT(A2,1),部门对照!$A$2:$B$5,2,FALSE)。单击“输入”按钮确认。

(6) 将 G2 单元格向下填充复制到 G26 单元格,得到每位职工的部门,如图 5.52 所示。

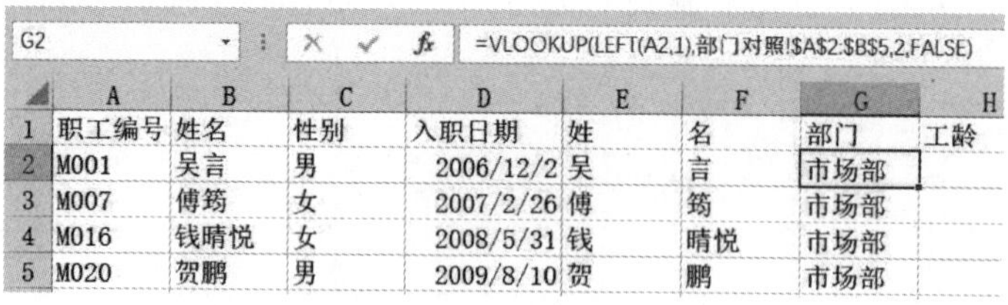

G2 =VLOOKUP(LEFT(A2,1),部门对照!$A$2:$B$5,2,FALSE)

	A	B	C	D	E	F	G	H
1	职工编号	姓名	性别	入职日期	姓	名	部门	工龄
2	M001	吴言	男	2006/12/2	吴	言	市场部	
3	M007	傅筠	女	2007/2/26	傅	筠	市场部	
4	M016	钱晴悦	女	2008/5/31	钱	晴悦	市场部	
5	M020	贺鹏	男	2009/8/10	贺	鹏	市场部	

图 5.52　查找职工所在部门

(7) 在 H1 单元格输入“工龄”。选择 H2 单元格,输入公式:=YEAR(NOW())-YEAR(D2)。单击“输入”按钮确认。注意此时系统可能自动将 H1 单元格转换为日期型,需要选择 H1 单元格,将数字类型设置为常规型或数值型。

(8) 将 H2 单元格向下填充复制到 H26 单元格,得到每位职工的工龄,如图 5.53 所示。

(9) 将文件另存为 EF2-3-7. xlsx。

图 5.53　计算职工工龄

三、实验练习

项目背景：小明同学是班级学习委员，需要对同学们本课程的学习进度、作业成绩、讨论成绩、测验等学习数据进行统计计算。

练习 1：打开"学习进度.xlsx"工作簿，在 Sheet1 工作表中完成如图 5.54 所示计算。将工作簿另存为 E2-1.xlsx。★

(1) 在 J1 单元格输入"综合成绩"，在 J2 到 J11 单元格计算每位同学的综合成绩。计算公式为：综合成绩＝视频观看比例＊100＊20％＋作业得分＊30％＋测验得分＊50％。

(2) 在 K2 到 K11 单元格中生成每位同学的综合成绩通知文本，内容为"＊＊专业＊＊同学＊＊分"。

图 5.54　计算综合成绩及通知文本效果

练习 2：打开"作业成绩.xlsx"工作簿，在"作业加权成绩"工作表中"作业成绩"列中计算每位同学作业成绩。作业成绩为每次作业成绩乘以对应权值后求和，要求引用 H3:J3 单元格区域中的作业权值进行计算。将工作簿另存为 E2-2.xlsx，如图 5.55 所示。★

图 5.55　作业成绩计算结果

练习 3：课程开展小组学习活动，同学们自行组建学习小组，每个小组不超过三人，以小组为单位完成作品。作品按照等级评分，评分后再换算为具体分值。换算规则为：各等级分别对应指定基础得分，小组成员根据参与作品的贡献排序，分别给予基础分的 10％、5％、

0%加分。

打开"小组活动.xlsx"工作簿,在"得分标准"工作表中计算不同等级作品各类型组员可以取得的实际成绩,如图5.56所示。要求在C4单元格中输入公式后,使用填充复制得到其他单元格成绩。将工作簿另存为E2-3.xlsx。★★

练习4:打开"作业成绩.xlsx"工作簿,在"作业"工作表中使用函数完成以下计算,将工作簿另存为E2-4.xlsx。

(1)在F2至H11单元格区域分别使用SUM、AVERAGE、COUNT函数计算每位同学作业总分、平均分、完成作业次数。

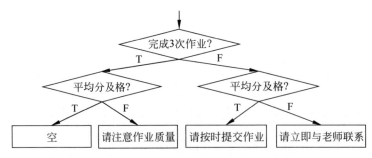

图5.56 不同等级各类型组员可取得成绩

(2)在C12至E12单元格区域计算每次作业的平均分,并使用INT函数将计算结果保留一位小数。

(3)在I2至I11单元格区域根据作业完成次数判断作业状态。三次作业都完成的同学作业状态为"已完成",有作业缺交的同学作业状态为"缺作业"。

练习5:打开练习4完成的E2-4.xlsx工作簿,在"作业"工作表"作业提醒"列中根据作业状态及作业平均分填写作业提醒方式。作业提醒内容判断规则如下:

- 作业完成次数为3次且平均分及格的同学,作业提醒为空。
- 3次作业都完成但平均分不及格的同学,作业提醒为"请注意作业质量"。
- 缺作业但作业平均分及格的同学,作业提醒为"请按时提交作业"。
- 缺作业且作业平均分不及格的同学,作业提醒为"请立即与老师联系"。

作业提醒判断过程如图5.57所示,填写结果如图5.58所示。完成后将工作簿另存为E2-5.xlsx。★★

图5.57 作业提醒判断过程

	A	B	C	D	E	F	G	H	I	J
1	学号	姓名	作业1	作业2	作业3	作业总分	作业平均分	完成作业次数	作业状态	作业提醒
2	02101701	贾莹	64	80	89	233	77.666667	3	已完成	
3	02101702	李浩然	63	76	95	234	78	3	已完成	
4	02101703	王海	62	70	45	177	59	3	已完成	请注意作业质量
5	02101704	李泽利	90	45	73	208	69.333333	3	已完成	
6	02101705	杨嘉鑫		67	45	112	56	2	缺作业	请立即与老师联系
7	02310101	陈婉琪	68	71		139	69.5	2	缺作业	请按时提交作业
8	02310102	潘建霖	52	57		109	54.5	2	缺作业	请立即与老师联系
9	02310103	郭龙	68	47	98	213	71	3	已完成	
10	02310104	林来兵			56	56	56	1	缺作业	请立即与老师联系
11	02310105	袁培培	86	78	79	243	81	3	已完成	
12		平均分	69.1	65.7	72.5					

图5.58 作业成绩、状态及提醒计算结果

练习 6：打开"学习进度.xlsx"工作簿,在 Sheet1 工作表中根据学习进度、作业得分、测验得分填写学习评价及预警,填写结果如图 5.59 所示。将工作簿另存为 E2-6.xlsx。★★

(1) 使用 IF、AND 函数,对学习进度超过 1/2 且测验及格的同学,在"学习评价"列中填写"合格",否则填写"不合格"。

(2) 使用 IF、OR 函数,对作业不及格或测验不及格的同学,在"预警"列中填写"学习预警"。

	A	B	C	D	E	F	G	H	I	J	K
1	学号	姓名	性别	专业	学习进度	视频观看比例	最近访问日期	作业得分	测验得分	学习评价	预警
2	02101701	贾莹	女	计算机	2/5	41.2%	2020年9月25日	62.5	61.0	不合格	
3	02101702	李浩然	男	计算机	2/5	41.6%	2020年9月25日	58.0	67.0	不合格	学习预警
4	02101703	王海	男	计算机	3/5	60.4%	2020年9月25日	76.5	51.0	不合格	学习预警
5	02101704	李泽利	男	计算机	3/5	60.8%	2020年9月26日	91.0	90.0	合格	
6	02101705	杨嘉鑫	女	计算机	3/5	62.5%	2020年9月25日	60.0	53.0	不合格	学习预警
7	02310101	陈婉琪	女	会计	3/5	63.4%	2020年9月24日	86.0	73.5	合格	
8	02310102	潘建霖	女	会计	3/5	61.7%	2020年9月19日	92.0	84.0	合格	
9	02310103	郭龙	男	会计	2/5	42.8%	2020年9月20日	74.0	83.5	不合格	
10	02310104	林来兵	男	会计	2/5	41.6%	2020年9月25日	51.0	53.0	不合格	学习预警
11	02310105	袁培	女	会计	2/5	40.5%	2020年9月25日	65.0	69.0	不合格	

图 5.59 学习评价及预警计算结果

练习 7：在课程进行中有两次测试,每次测试学生从课程试卷库中随机抽卷。课程试卷库中一共有 80 套试卷,前 40 套用于测验 1,后 40 套用于测验 2。

打开"测验.xlsx"工作簿,在"测验"工作表中使用随机函数分配学生两次测验抽卷的卷号。如图 5.60 所示。将工作簿另存为 E2-7.xlsx。★★

(1) 在 C2 至 C11 单元格使用 RAND 函数生成"测验 1"卷号,要求卷号范围在 1~40 之间(含 1、40)。

(2) 在 D2 至 D11 单元格使用 RANDBETWEEN 函数生成"测验 2"卷号,要求卷号为范围在 41~80 分之间的整数(含 41、80)。

	A	B	C	D
1	学号	姓名	测验1卷号	测验2卷号
2	02101701	贾莹	3	80
3	02101702	李浩然	18	44
4	02101703	王海	17	57
5	02101704	李泽利	10	76
6	02101705	杨嘉鑫	40	80
7	02310101	陈婉琪	9	68
8	02310102	潘建霖	37	54
9	02310103	郭龙	16	75
10	02310104	林来兵	7	72
11	02310105	袁培	4	56

图 5.60 随机分配测验卷号结果

练习 8：打开"学习进度.xlsx"工作簿,在 Sheet1 工作表中完成以下计算。结果见图 5.61。将工作簿另存为 E2-8.xlsx。★★★

(1) 在 J2 至 J11 单元格使用 RANK.EQ 函数计算每位同学的测验排名。

(2) 在 D14 单元格使用 COUNTIFS 函数计算会计专业女生人数。

(3) 在 D15 单元格使用 AVERAGEIFS 函数计算计算机专业男生测验平均分。

练习 9：打开"学习进度.xlsx"工作簿,在 Sheet1 工作表 A18 单元格输入"请在 E18 单元格输入学生姓名:",在 E18 单元格输入任意学生姓名,在 F18 单元格利用 LOOKUP 函数查找 E18 单元格学生的测验得分。结果见图 5.62。将工作簿另存为 E2-9.xlsx。★★★

练习 10：打开"讨论成绩.xlsx"工作簿,在"讨论成绩"工作表中完成以下计算。结果见图 5.63。将工作簿另存为 E2-10.xlsx。★★★

(1) 使用 VLOOKUP 函数精确匹配,将每位同学在"讨论加分"工作表中的讨论加分填入"讨论成绩"表中。

图 5.61 测验排名及按条件统计结果

图 5.62 查找指定学生测验得分

(2) 使用 VLOOKUP 函数非精确匹配,根据"讨论成绩"工作表中的讨论次数计算每位同学的讨论基础得分,讨论次数与讨论基础得分对应关系在"讨论成绩标准"工作表中。(需要先修改"讨论成绩标准"表,使其符合非精确匹配要求)

(3) 计算讨论成绩。讨论成绩＝讨论基础得分＋讨论加分。

图 5.63 讨论成绩计算结果

练习 11：打开"学生信息.xlsx"工作簿,在"学生信息"工作表中使用 MID、MOD、IF 函数从身份证号码中提取学生性别、年龄,使用 LEFT、VLOOKUP 函数提取学生来源地,提取规则如下。完成后将工作簿另存为 E2-11.xlsx。★★★

- 性别：身份证号的第 17 位表示性别,奇数为男,偶数为女。
- 年龄：身份证号的第 7~11 位是出生年份。年龄＝当前系统日期年份－出生年份。
- 来源地：身份证号的第 1~2 位是对应省份,具体对应关系见"身份证来源省份对照"工作表。结果见图 5.64。

	A	B	C	D	E	F	G
1	学号	姓名	专业	身份证号	性别	年龄	来源地
2	02101701	贾莹	计算机	420103200211049420	女	19	湖北省
3	02101702	李浩然	计算机	420121200009265517	男	21	湖北省
4	02101703	王海	计算机	110109199901038633	男	22	北京市
5	02101704	李泽利	计算机	310101200002264550	男	21	上海市
6	02101705	杨嘉鑫	计算机	230604200007223380X	男	21	黑龙江省
7	02310101	陈婉琪	会计	350128200204086049	女	19	福建省
8	02310102	潘建霖	会计	420822200103257785	女	20	湖北省
9	02310103	郭龙	会计	360521200209148512	男	19	江西省
10	02310104	林来兵	会计	640106200002231125X	男	21	宁夏回族自治区
11	02310105	袁培培	会计	421122200010042563	女	21	湖北省

图 5.64　从身份证号码提取个人信息结果

四、实验思考

（1）使用 INT 或 ROUND 函数保留 2 位小数和在格式中设置单元格为数值型并保留 2 位小数有什么区别？

（2）使用 RAND 和 RANDBETWEEN 函数产生随机数时，每当单元格中数据发生改变，随机数将全部自动更新，与随机数所在单元格相关的公式计算结果也都随之改变。怎样能让随机数产生以后就不再改变？

（3）要将一组顺序编号的学生平均分成两组，可以根据编号是奇数还是偶数分组，如果要将学生平均分成三组，你将采用什么方法？请试试写出分组的公式。

（4）公式中可以引用当前工作表中的单元格，也可以引用当前工作簿中其他工作表中的单元格，那么公式中怎样引用其他工作簿中的单元格？引用的格式是什么？跨工作簿引用后，公式的结果能自动更新吗？

（5）VLOOKUP 查找时，查找目标必须处于查找范围的第 1 列。如果查找目标在查找范围的第 2 列，返回数据在查找范围的第 1 列，例如在如图 5.64 所示的学生信息表中，要根据学生姓名查找对应学号，可以用什么办法处理？

实验项目三　图表

一、实验目的

（1）了解图表的常用类型和作用。
（2）掌握图表的创建方法，能根据需要选择合适的图表来表达数据。
（3）掌握图表的编辑方法，能灵活修改图表的各种属性使图表更加形象直观。

二、实验范例

范例 1：柱形图★

在"收支明细.xlsx"工作簿中绘制以下柱形图。将工作簿保存为 EF3-1.xlsx。

（1）在"收支"工作表内插入 12 个月每月总收入和总支出的三维簇状柱形图，横轴为月份，纵轴为每月总收入和总支出，图表标题为"每月收支情况"，如图 5.65 所示。

（2）在"收支"工作表选择下半年兼职收入数据，建立二维簇状柱形图，横轴为月份，纵轴为每月兼职收入。图表放置在新工作表"下半年兼职收入"中，如图 5.66 所示。

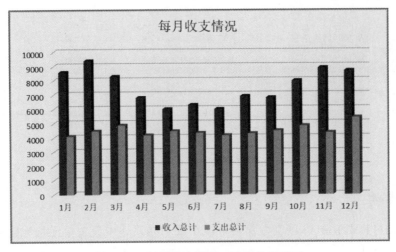

图 5.65　每月收支情况三维簇状柱形图

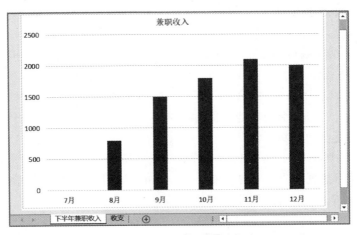

图 5.66　下半年兼职收入二维簇状柱形图工作表

操作步骤：

（1）打开"收支明细.xlsx"工作簿。

（2）选择"收支"工作表中的 A1 至 A13 单元格区域，按住 Ctrl 键，继续选择 E1 至 E13、M1 至 M13 单元格区域。单击"插入"选项卡"图表"组中的"插入柱形图或条形图"按钮，选择"三维簇状柱形图"类型，插入三维簇状柱形图。

（3）单击图表标题，进入图表标题编辑状态，将图表标题改为"每月收支情况"。

（4）选择"收支"工作表中的 A1 单元格，按住 Ctrl 键，依次选择 A8 至 A13 单元格区域、C1 单元格、C8 至 C13 单元格区域。单击"插入"选项卡"图表"组中的"插入柱形图或条形图"按钮，选择"二维簇状柱形图"类型，插入二维簇状柱形图。

（5）选择生成的二维簇状柱形图，单击"设计"选项卡中的"移动图表"按钮，在"移动图表"对话框中设置图表放置位置为新工作表，并在新工作表选项后面填入工作表的名称"下半年兼职收入"，如图 5.67 所示。单击"确定"按钮。这里也可以在选定数据区域后直接按下 F11 键，快速生成独立二维簇状柱形图工作表。

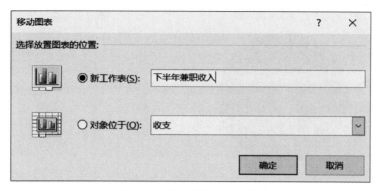

图 5.67 "移动图表"对话框

(6) 将文件另存为 EF3-1.xlsx。

范例 2：饼图★

在"收支明细.xlsx"工作簿"收支"工作表中绘制 3 月各项支出二维饼图。设置图例显示在饼图右侧，每个扇形区域外侧显示数据标签，标签内容为各项支出占总支出的百分比。设置图表标题为"3 月支出分布"，如图 5.68 所示。将工作簿保存为 EF3-2.xlsx。

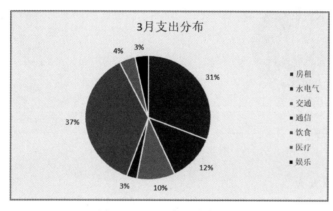

图 5.68　3 月支出分布饼图

操作步骤：

(1) 打开"收支明细.xlsx"工作簿。

(2) 选择"收支"工作表中的 A1 单元格，按住 Ctrl 键，依次选择 A4 单元格、F1 至 L1、F4 至 L4 单元格区域，单击"插入"选项卡"图表"组中的"插入饼图或圆环图"按钮，选择"二维饼图"类型，插入二维饼图。

(3) 单击图表标题，进入图表标题编辑状态，将图表标题改为"3 月支出分布"。

(4) 单击饼图右上角的"图表元素"按钮，展开"图例"菜单，选择"右"，将图例靠右显示，如图 5.69 所示。

(5) 单击饼图右上角的"图表元素"按钮，展开"数据标签"菜单，单击"更多选项"，在"设置数据标签格式"窗格中选择标签包括百分比，标签位置在数据标签外，如图 5.70 所示。

(6) 将文件另存为 EF3-2.xlsx。

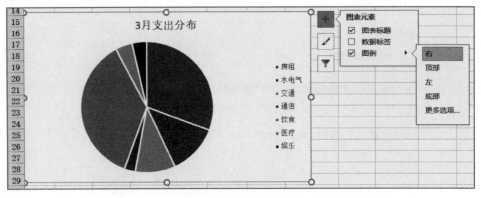

图 5.69 设置图例位置

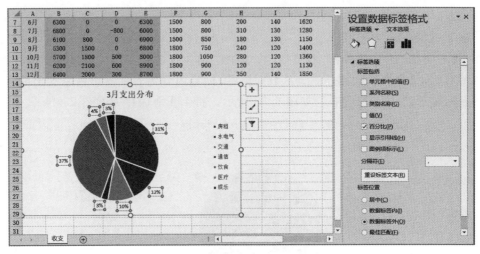

图 5.70 设置数据标签

范例 3：条形图★★

在"收支明细.xlsx"工作簿"收支"工作表中绘制下半年各项支出的二维堆积条形图，横轴为支出金额，纵轴为月份，各类支出在每月数据条内分段显示。设置图表标题为"下半年支出情况"。结果如图 5.71 所示。将工作簿保存为 EF3-3.xlsx。

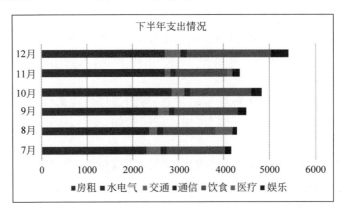

图 5.71 下半年支出情况条形图

操作步骤：

(1) 打开"收支明细.xlsx"工作簿。

(2) 选择"收支"工作表中的 A1 单元格，按住 Ctrl 键，依次选择 A8 至 A13、F1 至 L1、F8 至 L13 单元格区域，单击"插入"选项卡"图表"组中的"插入柱形图或条形图"按钮，选择"二维堆积条形图"类型，插入二维堆积条形图。

(3) 选择插入的图表，单击"设计"选项卡"数据"组中的"切换行/列"按钮，将月份作为纵轴，支出金额作为横轴。

(4) 单击图表标题，进入图表标题编辑状态，将图表标题改为"下半年支出情况"。

(5) 将文件另存为 EF3-3.xlsx。

范例 4：折线图★★

在"部分城市气温及降水量.xlsx"工作簿"部分城市月平均气温"工作表中插入带数据标记的二维折线图，显示北京、上海、广州全年气温变化情况，图表标题为"北京、上海、广州全年气温变化趋势"，如图 5.72 所示。将工作簿保存为 EF3-4.xlsx。

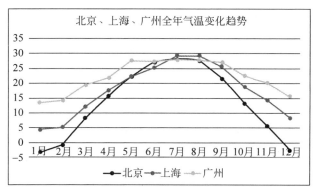

图 5.72 北京、上海、广州全年气温变化趋势折线图

操作步骤：

(1) 打开"部分城市气温及降水量.xlsx"工作簿。

(2) 选择"部分城市月平均气温"工作表中的 A1 至 M2 区域，按住 Ctrl 键，依次选择 A7 至 M7、A12 至 M12 单元格区域。单击"插入"选项卡"图表"组中的"插入折线图或面积图"按钮，选择"带数据标记的折线图"类型，插入二维折线图。

(3) 单击图表标题，将图表标题改为"北京、上海、广州全年气温变化趋势"。

(4) 将文件另存为 EF3-4.xlsx。

范例 5：组合图表★★★

在"部分城市气温及降水量.xlsx"工作簿"武汉全年气温降水量"工作表中绘制如图 5.73 所示组合图，其中对降水量数据绘制簇状柱形图，使用主坐标轴，对平均气温数据绘制折线图，使用次坐标轴，图表标题为"武汉全年气温及降水量"。将工作簿保存为 EF3-5.xlsx。

操作步骤：

(1) 打开"部分城市气温及降水量.xlsx"工作簿。

(2) 选择"武汉全年气温降水量"工作表中的 A1 至 M3 区域。单击"插入"选项卡"图表"组中的"推荐图表"按钮，在"插入图表"对话框中选择"所有图表"选项卡，在左侧图表类

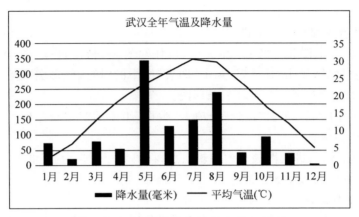

图 5.73 武汉全年气温及降水量组合图

型中选择"组合",在右边选择图表类型和轴选项中设置平均气温的图表类型为折线图,在次坐标轴显示。设置降水量图表类型为簇状柱形图,在主坐标轴显示,如图 5.74 所示。单击"确定"按钮。

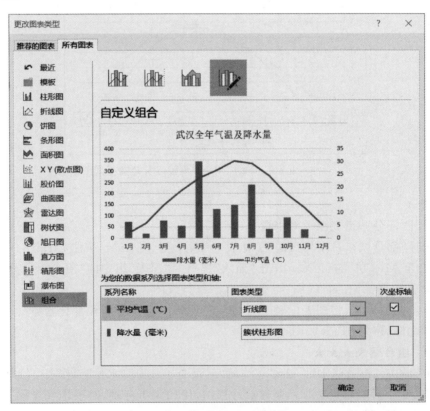

图 5.74 设置组合图表类型

(3) 单击图表标题,将图表标题改为"武汉全年气温及降水量"。

(4) 将文件另存为 EF3-5.xlsx。

三、实验练习

项目背景：小明要撰写关于近年来我国社会经济发展的小论文，需要使用图表展示 2016—2019 年人均可支配收入及消费支出数据。

练习 1：在"人均可支配收入及消费支出.xlsx"工作簿中分别绘制以下图表。将工作簿保存为 E3-1.xlsx。★

（1）选取"人均可支配收入"工作表中的 2016—2019 年全国居民人均可支配收入、城镇居民人均可支配收入、农村居民人均可支配收入数据，绘制二维簇状柱形图，图表放置在新工作表中，将工作表命名为"人均可支配收入对比"，图表标题为"2016—2019 年人均可支配收入对比"，如图 5.75 所示。

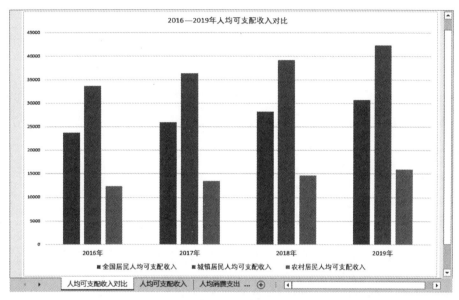

图 5.75　2016—2019 年人均可支配收入柱形图表工作表

（2）在"人均消费支出"工作表中，选择 2019 年各项详细消费数据，绘制二维饼图，图表放置在"人均消费支出"工作表内，每个扇形区域外侧显示数据标签，包括数值、百分比，图例放置在图的右侧，图表标题为"2019 年人均消费支出分布"，如图 5.76 所示。

练习 2：在"人均可支配收入及消费支出.xlsx"工作簿中分别绘制以下图表。将工作簿保存为 E3-2.xlsx。★★

（1）选取"人均可支配收入"工作表中的 2016—2019 年全国居民人均可支配收入、城镇居民人均可支配收入、农村居民人均可支配收入数据，在当前工作表内绘制带数据标记的折线图，在数据标记上方显示对应人均可支配收入数值，图例显示在图表下方，图表标题为"2016—2019 年人均可支配收入增长情况"，图表效果如图 5.77 所示。

（2）在"人均消费支出"工作表中，选择 2016 年至 2019 年各项详细消费数据，绘制堆积条形图，将图表放置在新工作表中，新工作表命名为"消费支出堆积条形图"，图表标题为"2016—2019 年居民消费支出"，在图表样式中设置图表样式为"样式 2"，条形图结果如图 5.78 所示。

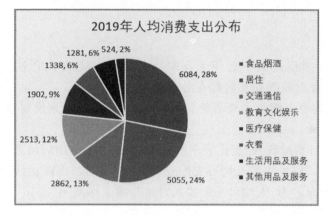

图 5.76　2019 年人均消费支出分布饼图

图 5.77　2016—2019 年全国居民人均可支配收入折线图

图 5.78　2016—2019 年居民消费支出堆积条形图

练习 3：在"人均可支配收入及消费支出.xlsx"工作簿"人均可支配收入"工作表中选取 2016—2019 年全国居民人均可支配收入、比上年名义增长、扣除价格因素实际增长数据,在工作表内绘制组合图表。其中全国居民人均可支配收入放置在主坐标轴,使用二维簇状柱形图,比上年名义增长、扣除价格因素实际增长的百分比放置在次坐标轴,使用带数据标记的折线图。结果如图 5.79 所示。将工作簿保存为 E3-3.xlsx。★★★

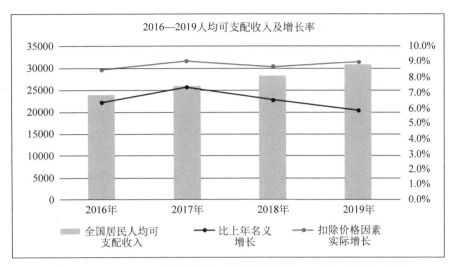

图 5.79 2016—2019 年全国居民人均可支配收入及增长率组合图表

四、实验思考

(1) 图 5.80 是两个销售团队半年的业绩增长情况,哪个团队业绩增幅更高?这两个图对比说明了什么问题?

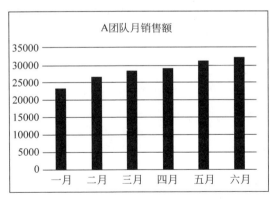 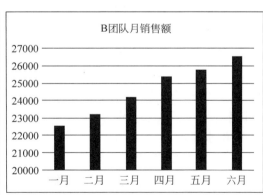

图 5.80 A、B 团队上半年销售额柱形图

(2) 柱形图和条形图都是采用矩形表达数据,它们在表达数据上有哪些共同点和区别?举例说明什么情况使用柱形图,什么情况下使用条形图能更清晰的表达数据。

(3) 饼图能够表达数据整体与部分的关系,但只能选择一个数据系列,如果要在同一个图表中表达两个数据系列的整体和部分的关系,可以怎么处理?

(4) Excel 中除了折线图可以表达数据变化趋势,还有一类散点图也能表达数据变化趋势。这两类图表看起来很相似,请试试分别绘制折线图和散点图,比较它们有哪些区别,分别适合表现什么样的数据?

实验项目四　数据管理

一、实验目的

(1) 掌握数据排序的基本方法,能熟练对数据进行单关键字、多关键字排序。
(2) 掌握在数据列表中建立筛选的方法,能熟练设置筛选条件筛选数据。
(3) 理解高级筛选中条件区域的构成规则,能熟练构建高级筛选条件,灵活运用高级筛选功能筛选数据。
(4) 掌握数据分类汇总的方法和原理,灵活运用分类汇总对数据进行分组统计和分级显示。
(5) 掌握数据透视表和数据透视图的使用方法,能利用数据透视表对数据进行多维度交互分析统计,并通过数据透视图展示分析结果。

二、实验范例

范例1:排序

1. 单关键字排序★

在"职工工资.xlsx"工作簿"职工信息"工作表中设置按职工编号升序排序。将工作簿保存为EF4-1-1.xlsx。

操作步骤:

(1) 打开"职工工资"工作簿。
(2) 选择"职工信息"工作表"职工编号"字段中任意一个单元格,单击"开始"选项卡"编辑"组中的"排序和筛选"按钮,执行"升序"命令,按职工编号升序排序。
(3) 将文件另存为EF4-1-1.xlsx。

2. 多关键字排序★

在"职工工资.xlsx"工作簿"工资"工作表中设置按照部门升序,部门相同的按职务升序,职务也相同按实发工资降序排序。将工作簿保存为EF4-1-2.xlsx。

操作步骤:

(1) 打开"职工工资"工作簿。
(2) 选择"工资"工作表中工资数据列表中的任意一个单元格,单击"数据"选项卡"排序和筛选"组中的"排序"按钮。在"排序"对话框中设置主要关键字为"部门",次序为"升序"。单击"添加条件"按钮,设置次要关键字为"职务",次序为"升序"。再单击"添加条件"按钮,设置次要关键字为"实发工资",次序为"降序",如图5.81所示。单击"确定"按钮。
(3) 将文件另存为EF4-1-2.xlsx。

范例2:筛选★

在"职工工资.xlsx"工作簿中完成以下筛选操作。将工作簿保存为EF4-2.xlsx。

(1) 在"职工信息"工作表中筛选出2010年至2015年(含2010、2015)之间入职的职工。

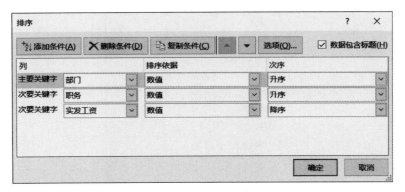

图 5.81 设置排序条件

(2) 在"工资"工作表中筛选出市场部和技术部中实发工资大于 6000 元的职工。

操作步骤：

(1) 打开"职工工资"工作簿。

(2) 选择"职工信息"工作表数据列表中的任意单元格，单击"数据"选项卡"排序和筛选"组中的"筛选"按钮，建立自动筛选。

(3) 单击"入职日期"字段名右侧的三角形，执行"日期筛选"菜单中的"介于"命令，在"自定义自动筛选方式"对话框中设置入职日期在"2010/1/1"与"2015/12/31"之间，如图 5.82 所示。单击"确定"按钮，显示 2010 年至 2015 年之间入职的员工，隐藏其他员工，如图 5.83 所示。

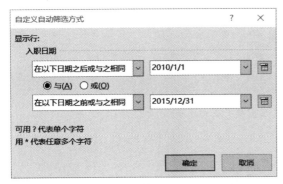

图 5.82 "自定义自动筛选方式"对话框   图 5.83 筛选 2010 年至 2015 年之间入职的员工

(4) 选择"工资"工作表数据列表中的任意单元格，单击"数据"选项卡"排序和筛选"组中的"筛选"按钮，建立自动筛选。

(5) 单击"部门"字段名右侧的三角形，在部门列表中取消"全选"复选框，选择"技术部""市场部"复选框，如图 5.84 所示，单击"确定"按钮，只显示市场部和技术部的职工。

(6) 单击"实发工资"字段名右侧的三角形，执行"数字筛选"菜单中的"大于"命令，在"自定义自动筛选方式"对话框中设置实发工资大于 6000，单击"确定"按钮，显示市场部和技术部实发工资大于 6000 元的职工，如图 5.85 所示。

(7) 将文件另存为 EF4-2.xlsx。

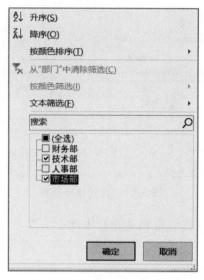

图 5.84 选择部分要显示的值

	A	B	C	D	E	F	G	H	I	J	K
1	姓名	性别	部门	职务	基本工资	绩效工资	加班	迟到早退	病事假	养老保险	实发工资
2	蔡嫣	女	市场部	二级职员	2800	4200	600			500	7100
5	傅筠	女	市场部	三级职员	3400	8300	800			800	11700
7	何云	女	市场部	二级职员	2800	4800	600			500	7700
8	贺鹏	男	市场部	二级职员	3000	3700	800	50		500	6950
10	梅家鹏	男	技术部	二级职员	2800	4000	800			500	7100
14	钱晴悦	女	市场部	三级职员	3200	4100	600			800	7100
16	苏渊	男	技术部	一级职员	2200	3600	800			500	6100
17	孙林海	女	技术部	主管	3600	4000	1200			800	8000
18	吴言	男	市场部	主管	3800	5600	600			800	9200
19	项辰宏	男	市场部	一级职员	2500	3800	400		100	500	6100
20	徐致	男	技术部	三级职员	3300	4800	1200	50		800	8450
22	余言	男	技术部	一级职员	2400	3800	800	100		500	6400
24	张莉容	女	技术部	二级职员	3000	4400	1200			500	8100
25	郑何斌	男	技术部	三级职员	3200	4400	1200			800	8000

图 5.85 筛选市场部和技术部实发工资大于 6000 元的职工

范例 3：高级筛选

1. "与""或"条件筛选★

在"职工工资.xlsx"工作簿"工资"工作表中使用高级筛选选出实发工资大于 7000 元的二级职员和三级职员。筛选条件写在从 A28 开始的单元格区域，筛选结果复制到从 A32 开始的单元格区域。将工作簿保存为 EF4-3-1.xlsx。

操作步骤：

（1）打开"职工工资"工作簿。

（2）选择"工资"工作表，将工资表标题行复制到第 28 行，作为高级筛选条件的标题行。在 D29、D30 单元格分别输入"二级职员""三级职员"，在 K29、K30 单元格分别输入">7000"，建立高级筛选条件。

（3）选择"工资"工作表数据区域中的任意单元格，单击"数据"选项卡"排序和筛选"组中的"高级筛选"命令，单击列表区域右侧的"折叠对话框"按钮，选择 A1 至 K26 单元格区域，单击"展开对话框"按钮，返回"高级筛选"对话框。单击条件区域右侧的"折叠对话框"按钮,选择 A28 至 K30 单元格区域,单击"展开对话框"按钮,返回"高级筛选"对话框。选择"将筛选结果复制到其他位置"单选按钮,设置复制到区域为 A32 开始的单元格,如图 5.86 所示。单击"确定"按钮,筛选条件及结果如图 5.87 所示。

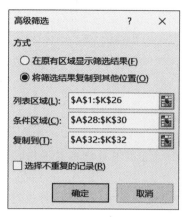

图 5.86 "高级筛选"对话框

	A	B	C	D	E	F	G	H	I	J	K
28	姓名	性别	部门	职务	基本工资	绩效工资	加班	迟到早退	病事假	养老保险	实发工资
29				二级职员							>7000
30				三级职员							>7000
31											
32	姓名	性别	部门	职务	基本工资	绩效工资	加班	迟到早退	病事假	养老保险	实发工资
33	蔡嫣	女	市场部	二级职员	2800	4200	600			500	7100
34	傅筠	女	市场部	三级职员	3400	8300	800			800	11700
35	何云	女	市场部	二级职员	2800	4800	600			500	7700
36	梅家鹏	男	技术部	二级职员	2800	4000	800			500	7100
37	钱晴悦	女	市场部	三级职员	3200	4100	600			800	7100
38	徐致	男	技术部	二级职员	3300	4800	1200	50		800	8450
39	张莉容	女	技术部	二级职员	3000	4400	1200			500	8100
40	郑何斌	男	技术部	三级职员	3200	4400	1200			800	8000

图 5.87 高级筛选实发工资大于 7000 元的二级职员和三级职员

(4)将文件另存为 EF4-3-1.xlsx。

2. 同一字段"与"条件筛选

在"职工工资.xlsx"工作簿"职工信息"工作表中使用高级筛选选出 2010 年入职的女职工。筛选条件写在从 A28 开始的单元格区域,筛选结果复制到从 A32 开始的单元格区域。将工作簿保存为 EF4-3-2.xlsx。

操作步骤:

(1)打开"职工工资"工作簿。

(2)选择"职工信息"工作表,将标题行复制到第 28 行,作为高级筛选条件的标题行。在 C29 单元格输入"女"。将 D28 单元格"入职日期"复制到 E28 单元格,分别在 D29、E29 单元格分别输入">2010/1/1""<2010/12/31",建立高级筛选条件。

(3)选择"职工工资"工作表数据列表中的任意单元格,单击"数据"选项卡"排序和筛选"组中的"高级筛选"命令,在"高级筛选"对话框中设置列表区域为 A1 至 D26 单元格区域,条件区域为 A28 至 E29 单元格区域,将筛选结果复制到 A32 开始的单元格区域。单击"确定"按钮,高级筛选条件及筛选结果如图 5.88 所示。

图 5.88 高级筛选 2010 年入职的女职工

(4) 将文件另存为 EF4-3-2.xlsx。

范例 4：分类汇总

1. 一次分类汇总★

在"职工工资.xlsx"工作簿中完成以下分类汇总操作，其中所有排序均采用升序。将工作簿保存为 EF4-4-1.xlsx。

(1) 在"职工信息"工作表中统计男女职工人数，要求对入职日期字段计数。

(2) 在"工资"工作表中统计各部门基本工资、绩效工资、实发工资的平均值。

操作步骤：

(1) 打开"职工工资"工作簿。

(2) 选择"职工信息"工作表"性别"字段的任意单元格，单击"数据"选项卡"排序和筛选"组中的"升序"按钮，按性别升序排序。

(3) 选择"职工信息"数据列表中的任意一个单元格，单击"数据"选项卡"分级显示"组中的"分类汇总"按钮，在"分类汇总"对话框中设置分类字段为"性别"，汇总方式为"计数"，选定汇总项为"入职日期"，如图 5.89 所示。单击"确定"按钮，分类汇总结果如图 5.90 所示。

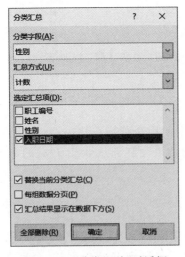

图 5.89 "分类汇总"对话框 　　图 5.90 按性别统计人数结果

(4) 选择"工资"工作表"部门"字段的任意单元格，单击"数据"选项卡"排序和筛选"组中的"升序"按钮，按部门升序排序。

(5) 选择"工资"数据列表中的任意一个单元格，单击"数据"选项卡"分级显示"组中的"分类汇总"按钮，在"分类汇总"对话框中设置分类字段为"部门"，汇总方式为"平均值"，选定汇总项为“基本工资”“绩效工资”“实发工资”，单击“确定”按钮。单击行标签左侧的分级按钮 2，隐藏明细数据，分类汇总结果如图 5.91 所示。

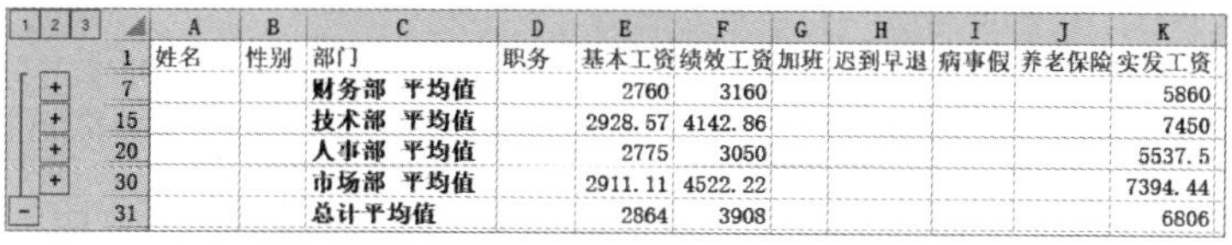

	A	B	C	D	E	F	G	H	I	J	K
1	姓名	性别	部门	职务	基本工资	绩效工资	加班	迟到早退	病事假	养老保险	实发工资
7			**财务部 平均值**		2760	3160					5860
15			**技术部 平均值**		2928.57	4142.86					7450
20			**人事部 平均值**		2775	3050					5537.5
30			**市场部 平均值**		2911.11	4522.22					7394.44
31			**总计平均值**		2864	3908					6806

图 5.91　按部门统计基本工资、绩效工资、实发工资平均值

(6) 将文件另存为 EF4-4-1.xlsx。

2. 嵌套分类汇总

在“职工工资.xlsx”工作簿中完成以下分类汇总操作，其中所有排序均采用升序。将工作簿保存为 EF4-4-2.xlsx。

(1) 在“职工信息”工作表中统计男女职工中最早入职和最晚入职的日期。要求先统计最早入职日期，再统计最晚入职日期。

(2) 在“工资”工作表中统计各部门男、女职工实发工资的平均值。

操作步骤：

(1) 打开“职工工资”工作簿。

(2) 选择“职工信息”工作表“性别”字段的任意单元格，单击“数据”选项卡“排序和筛选”组中的“升序”按钮，按性别升序排序。

(3) 选择“职工信息”数据列表中的任意单元格，单击“数据”选项卡“分级显示”组中的“分类汇总”按钮，在“分类汇总”对话框中设置分类字段为“性别”，汇总方式为“最小值”，选定汇总项为“入职日期”。单击“确定”按钮，得到男女职工中的最早入职日期。

(4) 选择“职工信息”数据列表中的任意单元格，单击“数据”选项卡“分级显示”组中的“分类汇总”按钮，在“分类汇总”对话框中设置分类字段为“性别”，汇总方式为“最大值”，选定汇总项为“入职日期”，取消“替换当前分类汇总”复选框，如图 5.92 所示。单击“确定”按钮。单击行标签左侧的分级按钮 3，隐藏明细数据。统计结果如图 5.93 所示。

图 5.92　设置嵌套的分类汇总

	A	B	C	D
1	职工编号	姓名	性别	入职日期
15			**男 最大值**	2018/3/20
16			**男 最小值**	2006/12/2
29			**女 最大值**	2019/5/20
30			**女 最小值**	2007/2/16
31			**总计最大值**	2019/5/20
32			**总计最小值**	2006/12/2

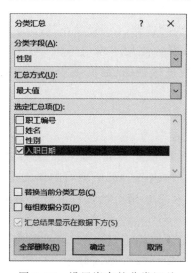

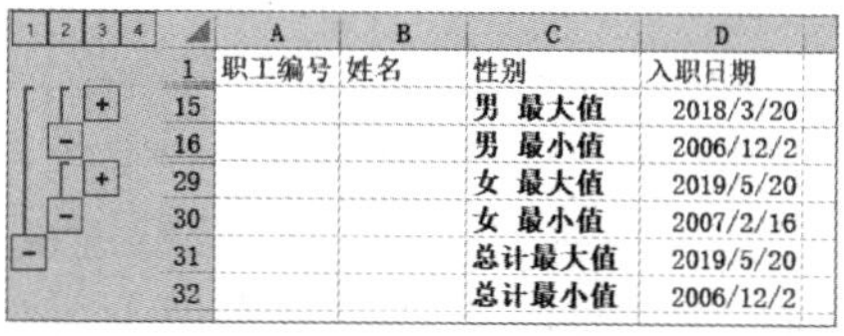

图 5.93　统计男女职工最早及最晚入职日期

(5) 选择"工资"数据列表中的任意单元格,单击"数据"选项卡中的"排序"按钮,在"排序"对话框中设置主要关键字为"部门",次要关键字为"性别",次序均为"升序",单击"确定"按钮完成排序。

(6) 选择"工资"数据列表中的任意一个单元格,单击"数据"选项卡"分级显示"组中的"分类汇总"按钮,在"分类汇总"对话框中设置分类字段为"部门",汇总方式为"平均值",选定汇总项为"实发工资"。单击"确定"按钮,得到各部门的实发工资平均值。

(7) 继续选择"工资"数据列表中的任意一个单元格,单击"数据"选项卡"分级显示"组中的"分类汇总"按钮,在"分类汇总"对话框中设置分类字段为"性别",汇总方式为"平均值",选定汇总项为"实发工资",取消"替换当前分类汇总"复选框。单击"确定"按钮,得到各部门中男女职工实发工资平均值。单击行标签左侧的分级按钮3,隐藏明细数据,分类汇总结果如图5.94所示。

	A	B	C	D	E	F	G	H	I	J	K
1	姓名	性别	部门	职务	基本工资	绩效工资	加班	迟到早退	病事假	养老保险	实发工资
5		男 平均值									5466.67
8		女 平均值									6450
9			财务部 平均值								5860
15		男 平均值									7210
18		女 平均值									8050
19			技术部 平均值								7450
21		男 平均值									5200
25		女 平均值									5650
26			人事部 平均值								5537.5
31		男 平均值									6987.5
37		女 平均值									7720
38			市场部 平均值								7394.44
39			总计平均值								6806

图 5.94 统计各部门男女职工平均实发工资

(8) 将文件另存为 EF4-4-2.xlsx。

范例 5:数据透视表

1. 基本数据透视表★

根据"职工工资.xlsx"工作簿"工资"工作表中的数据,插入以下数据透视表和数据透视图。将工作簿保存为 EF4-5-1.xlsx。

(1) 将部门作为行标签,职务作为列标签,性别作为筛选器,显示各部门不同职务男职工的平均实发工资。数据透视表放置在新工作表中,工作表命名为"各部门男职工实发工资"。

(2) 在数据透视表所在的工作表中插入对应的数据透视图,数据图类型为二维簇状柱形图。

操作步骤:

(1) 打开"职工工资"工作簿。

(2) 选择"工资"工作表中数据列表中的任意一个单元格,单击"插入"选项卡"表格"组中的"数据透视表"按钮,检查"创建数据透视表"对话框"表/区域"中填写的单元格区域"工资!＄A＄1:＄K＄26"是否包含工资数据列表中的所有单元格。设置数据透视表放置的位置为新工作表,如图5.95所示。

(3) 在插入的新工作表右侧"数据透视表字段"任务窗格中,将"部门"字段拖动到行区域中,将"职务"字段拖动到列区域中,将"性别"字段拖动到筛选器区域中,将"实发工资"字段拖动到值区域中。单击值区域中的"求和项:实发工资"列表框,选择"值字段设置",在

"值字段设置"对话框中设置计算类型为"平均值",如图 5.96 所示。单击"确定"按钮,"数据透视表字段"任务窗格如图 5.97 所示。

图 5.95 "创建数据透视表"对话框

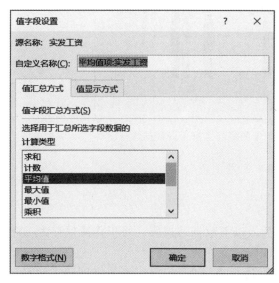

图 5.96 "值字段设置"对话框

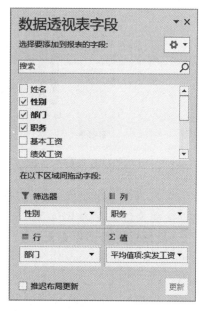

图 5.97 "数据透视表字段"任务窗格

(4) 单击数据透视表左上角"性别"筛选条件右侧的三角形筛选按钮,在列表中选择"男",只显示男职工的统计结果。数据透视表及任务窗格如图 5.98 所示。

(5) 选择数据透视表中的任意一个单元格,单击"分析"选项卡"工具"组中的"数据透视图"按钮,在"插入图表"对话框中选择"簇状柱形图",单击"确定"按钮,根据数据透视表数据插入数据透视图,如图 5.99 所示。

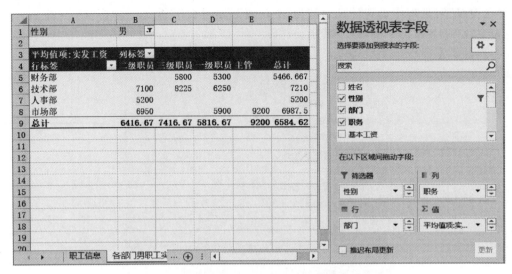

图 5.98　各部门不同职务男职工的平均实发工资

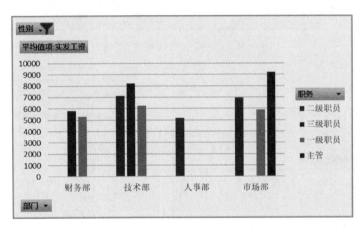

图 5.99　各部门不同职务男职工的平均实发工资数据透视图

(6) 将当前工作表重命名为"各部门男职工实发工资"。

(7) 将文件另存为 EF4-5-1.xlsx。

2. 数据透视表切片★★

根据"职工工资.xlsx"工作簿中的数据,插入以下数据透视表。将工作簿保存为 EF4-5-2.xlsx。

(1) 根据"工资"工作表中的数据插入数据透视表,统计各部门不同级别职工的平均绩效工资,其中部门为行标签,职务为列标签,数据透视表所在工作表名为"女职工绩效"。在数据透视表中插入"性别"切片器,利用切片器在数据透视表中显示各部门不同级别女职工的平均绩效工资。

(2) 根据"工资"工作表中的数据插入数据透视表,统计各部门不同级别职工的人数,其中部门为行标签,职务为列标签,计数项为姓名,数据透视表所在工作表名为"技术部二、三级职员人数"。在数据透视表中插入"部门"和"职务"切片器,利用切片器在数据透视表中显示技术部二级职员和三级职员的人数。

操作步骤：

（1）打开"职工工资"工作簿。

（2）选择"工资"工作表中数据列表中的任意一个单元格，单击"插入"选项卡"表格"组中的"数据透视表"按钮，在新工作表中插入数据透视表。

（3）在插入的工作表右侧"数据透视表字段"任务窗格中，将"部门"字段拖动到行区域中，将"职务"字段拖动到列区域中，将"绩效工资"字段拖动到值区域中。单击值区域中的"求和项：绩效工资"列表框，选择"值字段设置"，在"值字段设置"对话框中设置计算类型为"平均值"。

（4）选择插入的数据透视表中的任意一个单元格，单击"分析"选项卡"筛选"组中的"插入切片器"按钮，在"插入切片器"对话框选中"性别"复选框，如图 5.100 所示，单击"确定"按钮。

图 5.100　"插入切片器"对话框

（5）在切片器中单击"女"按钮，只显示女职工的统计情况，如图 5.101 所示。

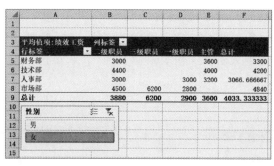

图 5.101　使用"性别"切片器显示各部门不同级别女职工的平均绩效工资

（6）将数据透视表所在工作表重命名为"女职工绩效"。

（7）采用同样方法根据"工资"工作表中的数据插入数据透视表，设置部门为行标签，职务为列标签，计数项为姓名，计算方式为计数。将数据透视表所在工作表重命名为"技术部二、三级职员人数"。

（8）选择数据透视表中的任意单元格，单击"分析"选项卡"筛选"组中的"插入切片器"按钮，在"插入切片器"对话框中选择"部门""职务"字段左侧的复选框，插入两个切片器。

（9）在"部门"切片器中选择"技术部"，单击"职务"切片器右上角的"多选"按钮，选择"二级职员"和"三级职员"，数据透视表中只显示技术部二级职员和三级职员的人数，如图 5.102 所示。

（10）将文件另存为 EF4-5-2.xlsx。

3．数据透视表分组

根据"职工工资.xlsx"工作簿中的数据，插入以下数据透视表。将工作簿保存为 EF4-5-

3.xlsx。

(1) 根据"职工信息"工作表中的数据插入数据透视表,统计每年入职的职工人数。入职日期为行标签,计数项为姓名。数据透视表放置在新工作表"入职年份分组"中。

(2) 根据"工资"工作表中的数据插入数据透视表,统计各部门职员和主管的平均基本工资。其中职务为行标签,部门为列标签。选择一级职员、二级职员、三级职员创建数据组,命名为"职员",在数据组中显示分类汇总结果。数据透视表放置在新工作表"职务分组"中。

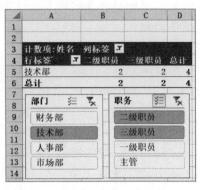

图 5.102 使用切片器查看技术部二级、三级职员人数

(3) 根据"工资"工作表中的数据插入数据透视表,统计实发工资在 6000 元以下、6000 至 7999 元、8000 至 9999 元、10000 元以上各档中不同职务的职工人数。其中实发工资分组为行标签,职务为列标签,计数项为姓名。数据透视表放置在新工作表"工资分组"中。

操作步骤:

(1) 打开"职工工资"工作簿。

(2) 根据"职工信息"工作表中的数据插入数据透视表。在"数据透视表字段"任务窗格中将"入职日期"字段拖动到行区域,系统自动添加"年""季度"字段到行区域,并在数据透视表的行标签中显示"年"分组。将"姓名"字段拖动到值区域,设置计算方式为计数,得到每年入职职工人数。将数据透视表所在工作表重命名为"入职年份分组",分组的数据透视表如图 5.103 所示。

图 5.103 每年入职职工人数

(3)根据"工资"工作表中的数据插入数据透视表。在"数据透视表字段"任务窗格中将"职务"字段拖动到行区域,将"部门"字段拖动到列区域,将"基本工资"字段拖动到"值"区域,设置计算方式为平均值。选择数据透视表中的 A5 至 A7 单元格,单击"分析"选项卡"分组"组中的"组选择"按钮,为所有职员创建数据组。选择 A5 单元格,在编辑栏中将分组标题改为"职员",分组后的数据透视图如图 5.104 所示。依次双击 A5、A9 单元格,可以只显示各组的统计数据。将数据透视表所在工作表重命名为"职务分组"。

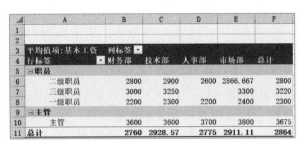

图 5.104　插入"职员"分组的各部门不同职务职工平均基本工资数据透视表

(4)根据"工资"工作表中的数据插入数据透视表。在"数据透视表字段"任务窗格中将"实发工资"字段拖动到行区域,将"职务"字段拖动到列区域,将"姓名"字段拖动到"值"区域,设置计算方式为计数。选择行标签中的任意一个单元格,单击"分析"选项卡"分组"组中的"组选择"按钮,在"组合"对话框中设置数值起始于 6000,终止于 9999,步长为 2000,如图 5.105 所示。单击"确定"按钮,得到每段实发工资范围中的各类职员人数,如图 5.106 所示。将数据透视表所在工作表重命名为"工资分组"。

图 5.105　"组合"对话框　　　图 5.106　分段统计各实发工资范围内的各类职员人数

(5)将文件另存为 EF4-5-3.xlsx。

三、实验练习

项目背景:小明到某奶茶店实习,需要分析店铺每个月奶茶等饮料营业数据。

练习 1:在"奶茶店营业数据.xlsx"工作簿中,完成以下排序操作。将工作簿保存为 E4-1.xlsx。★

(1)将"价格"表中所有饮品按价格降序排序。

(2)将"营业数据"表中的数据依次按类别升序,类别相同的按销售数量降序、销售数量也相同的按销售额降序排序。

练习 2：在"奶茶店营业数据.xlsx"工作簿"营业数据"表中建立筛选，筛选出打包鲜榨果汁的销售情况，按销售额降序排序显示。将工作簿保存为 E4-2.xlsx。★

练习 3：在"奶茶店营业数据.xlsx"工作簿"营业数据"表中建立高级筛选，筛选出销售类别为打包、销售额大于 200 元或销售类别为外卖、销售额大于 150 元的销售数据。要求高级筛选条件写在从 A40 单元格开始的数据区域中，筛选结果复制到 A45 单元格开始的区域中。将工作簿保存为 E4-3.xlsx。★

练习 4：在"奶茶店营业数据.xlsx"工作簿"营业数据"表中建立高级筛选，筛选出奶茶中销售数量在 10～20 杯之间（含 10、20）的销售数据。要求高级筛选条件写在从 A40 单元格开始的数据区域中，筛选结果复制到 A45 单元格开始的区域中。将工作簿保存为 E4-4.xlsx。★★

练习 5：对"奶茶店营业数据.xlsx"工作簿"营业数据"表中的数据进行分类汇总。要求：按品名升序排序，统计每种饮料的总销量和总销售额。将工作簿保存为 E4-5.xlsx。★

练习 6：对"奶茶店营业数据.xlsx"工作簿"营业数据"表中的数据进行分类汇总。要求：按产品类别升序、销售类别升序排序，统计每类饮料不同销售类别下的销售总额。将工作簿保存为 E4-6.xlsx。★★

练习 7：对"奶茶店营业数据.xlsx"工作簿"营业数据"表中的数据建立数据透视表，以饮品类别为行标签，销售类别为列标签，统计各种饮品不同销售类别的总销售额。数据透视表创建在新工作表中，命名为"销售额统计"。根据数据透视表结果，在"销售额统计"工作表中创建数据透视图，图表类型为二维簇状柱形图。将工作簿保存为 E4-7.xlsx。★

练习 8：对"奶茶店营业数据.xlsx"工作簿"营业数据"表中的数据建立数据透视表，以饮品品名为行标签，销售类别为列标签，统计各种饮品不同销售类别的总销售额。数据透视表创建在新工作表中，命名为"各类饮品销售额分析"。在数据透视表中插入"类别"切片器，在"类别"切片器中选择咖啡和奶茶，只显示各种咖啡和奶茶的销售总额，如图 5.107 所示。将工作簿保存为 E4-8.xlsx。★★

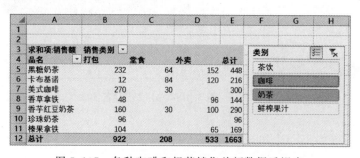

图 5.107　各种咖啡和奶茶销售总额数据透视表

练习 9：对"奶茶店营业数据.xlsx"工作簿"营业数据"表中的数据建立数据透视表。统计各种销售类别订单中，销售数量在 1～10、11～20、21～30、31～40 的订单数量。其中行标签是销售数量分组，列标签是销售类别，计数项是品名，如图 5.108 所示。数据透视表创建在新工作表中，命名为"订单分组统计"。将工作簿保存为 E4-9.xlsx。★★★

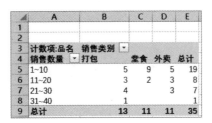

图 5.108　各种销售类别订单销售数量分组统计

四、实验思考

(1) 在对"职工工资.xlsx"工作簿"工资"工作表职务字段进行升序排序时,排序结果是"二级职员、三级职员、一级职员、主管"。为什么是这样的排列次序？如果希望排序顺序按照职员的实际级别次序"一级职员、二级职员、三级职员、主管",应该怎样操作？

(2) 举例说明在什么情况下只能使用高级筛选,不能使用自动筛选。

(3) 分类汇总后,如果要对分类字段或汇总项字段排序,需要先单击分级按钮隐藏详细数据,如果要对其他字段进行排序,必须先删除分类汇总。想一想为什么系统要采用这样一种机制？

(4) 分类汇总和数据透视表都能对数据进行分类统计,你更喜欢使用哪种统计方法？为什么？

第 6 章　PowerPoint 演示文稿制作

实验项目一　演示文稿基本操作

一、实验目的

（1）理解演示文稿、幻灯片等基本概念，掌握在 PowerPoint 中新建、保存演示文稿的基本方法。

（2）理解主题、母版等基本概念，掌握利用母版对幻灯片统一设置字体、背景、水印、日期、页码的方法。

（3）理解版式、占位符的概念，能熟练创建版式，并运用版式规划幻灯片版面。

（4）理解 PowerPoint 模板的概念和作用，能利用模版创建演示文稿。

（5）掌握新建、删除、复制、移动幻灯片的方法，以及设计幻灯片大小。

（6）掌握在幻灯片中插入形状、图片并设置格式的方法。

（7）掌握插入表格、图表的方法。

（8）掌握为对象插入超链接和动作的方法。

二、实验范例

范例 1：母版背景制作★

打开演示文稿"武汉 6-1-1.pptx"，完成以下操作：

（1）利用母版将 background.png 图片设置为所有幻灯片的背景。

（2）在幻灯片母版中插入 Logo 图片"武汉图标.jpg"，图片位于幻灯片右上角，大小为高、宽均小于 2 厘米。

操作步骤：

（1）打开演示文稿"武汉 6-1-1.pptx"。单击"视图"选项卡"母版视图"组中的"幻灯片母版"按钮，进入幻灯片母版视图。在左侧版式列表中选择最上端的 Office 主题幻灯片母版，右侧编辑区显示当前幻灯片母版的结构，如图 6.1 所示。

（2）单击"插入"选项卡"图像"组中的"图片"按钮，插入图片文件 background.png。调整图片大小，使图片铺满母版。右击图片，在弹出的快捷菜单中选择"置于底层"，将图片设置为母版背景。

（3）在母版幻灯片中插入图片"武汉图标.jpg"。调整图片大小，使图片的高、宽均小于 2 厘米，并将图片移动到幻灯片母版右上角，如图 6.2 所示。

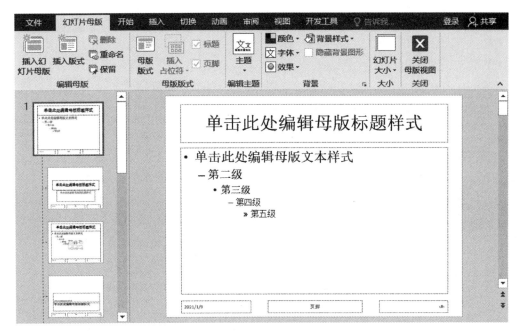

图 6.1 幻灯片母版视图

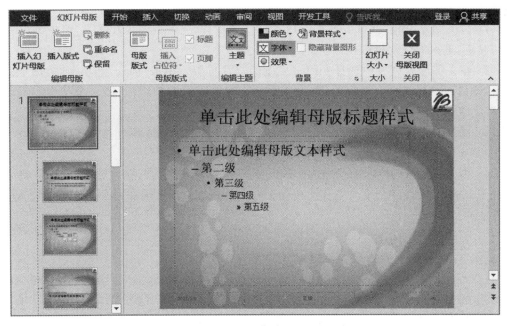

图 6.2 设置母版背景和 Logo 图片

(4) 单击"幻灯片母版"选项卡中的"关闭母版视图"按钮,关闭母版。母版中的背景和 Logo 图片设置应用到了所有幻灯片中,如图 6.3 所示。

范例 2:利用母版设置水印★

打开演示文稿"武汉 6-1-2.pptx",利用母版为每一张幻灯片添加"江汉大学"文本水印,文本字体为华为彩云,字号 54,并设置文本框三维旋转效果为绕 Z 轴旋转 340°。

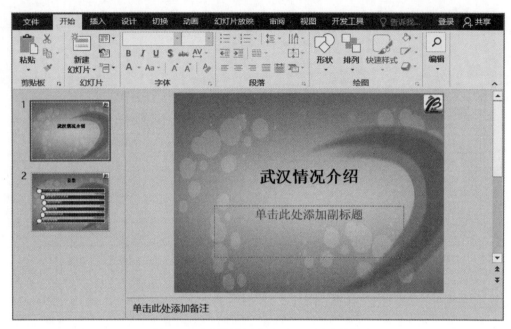

图 6.3　应用母版背景和 Logo 图片效果

操作步骤：

（1）打开演示文稿"武汉 6-1-2.pptx"。单击"视图"选项卡"母版视图"组中的"幻灯片母版"按钮，进入幻灯片母版视图。

（2）在左侧版式列表中选择 Office 主题幻灯片母版。单击"插入"选项卡"插图"组中的"形状"按钮，选择插入"文本框"。在幻灯片母版编辑区中拖动鼠标，插入横排文本框，并在文本框中输入"江汉大学"。

（3）选择文本框，在"开始"选项卡"字体"组中将文本框字体为"华文彩云"，字体大小设为 54。

（4）右击文本框，在弹出的快捷菜单中选择"设置形状格式"，在右边"设置形状格式"窗格的"文本选项"中单击"文字效果"按钮，在效果列表的"三维旋转"中设置 Z 旋转值为 340°，如图 6.4 所示。

（5）关闭母版视图，保存文件。

范例 3：设置幻灯片编号和日期★

打开"武汉 6-1-3.pptx"文件，为除标题幻灯片以外的每页幻灯片添加日期和编号。要求日期在幻灯片左下角，格式"XXXX 年 XX 月 XX 日"，自动更新；编号在幻灯片右下角，幻灯片起始编号是 10。

操作步骤：

（1）打开演示文稿"武汉 6-1-3.pptx"。

（2）单击"插入"选项卡"文本"组中的"日期和时间"按钮，在"页眉和页脚"对话框"幻灯片"选项卡中选择"日期和时间"复选框，选择"自动更新"单选按钮，并在下方的下拉列表中选择"XXXX 年 XX 月 XX 日"格式。选择"幻灯片编号"和"标题幻灯片中不显示"复选框，如图 6.5 所示。单击"全部应用"按钮。

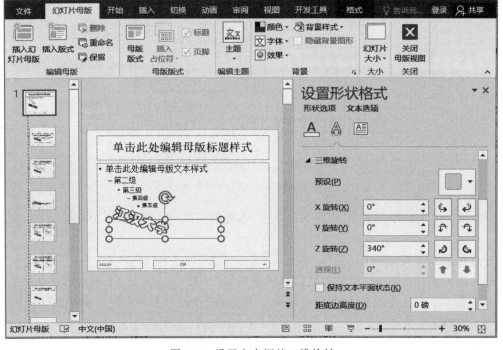

图 6.4　设置文本框的三维旋转

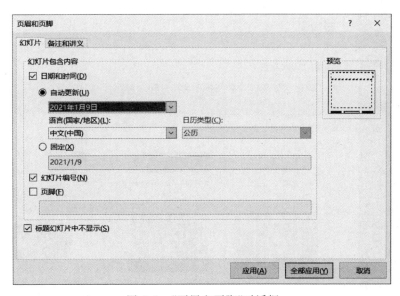

图 6.5　"页眉和页脚"对话框

（3）单击"设计"选项卡"自定义"组中的"幻灯片大小"按钮，选择"自定义幻灯片大小"。在"幻灯片大小"对话框中设置"幻灯片编号起始值"为 10，如图 6.6 所示。单击"确定"按钮。

（4）保存文件。

范例 4：利用模板创建演示文稿★

使用系统模板中的"丝状"模板创建一个演示文稿，演示文稿中包含四页幻灯片，依次采

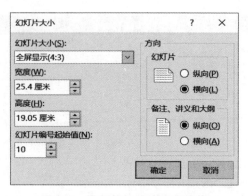

图6.6 设置幻灯片编号起始值

用"标题幻灯片""标题和内容""两栏内容""标题和竖排文字"版式。将演示文稿保存为6-1-4.pptx。

操作步骤：

（1）进入PowerPoint，单击"文件"选项卡中的"新建"命令，在模板中单击"丝状"模板，如图6.7所示。在主题选择对话框中选择左上角的主题，单击"创建"按钮，如图6.8所示，创建演示文稿。

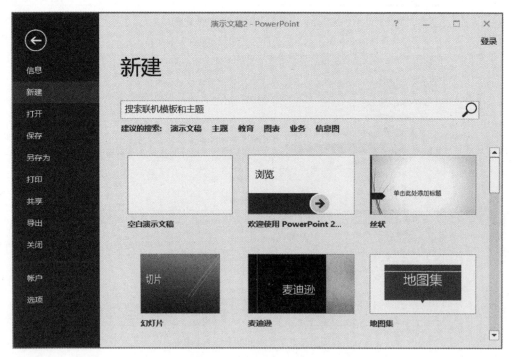

图6.7 选择"丝状"模板

（2）新建的演示文稿已有一页幻灯片，版式为"标题幻灯片"。单击"开始"选项卡"新建幻灯片"按钮上方的图标，新建一页幻灯片，幻灯片采用默认的版式"标题和内容"。

（3）单击"开始"选项卡"新建幻灯片"按钮下方的文字，在版式列表中选择"两栏内容"，新建第3页幻灯片，如图6.9所示。

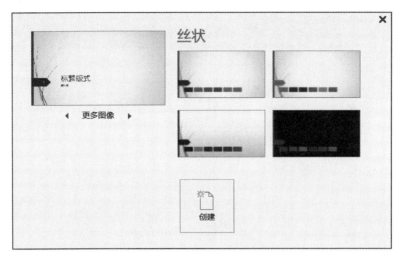

图 6.8 选择主题

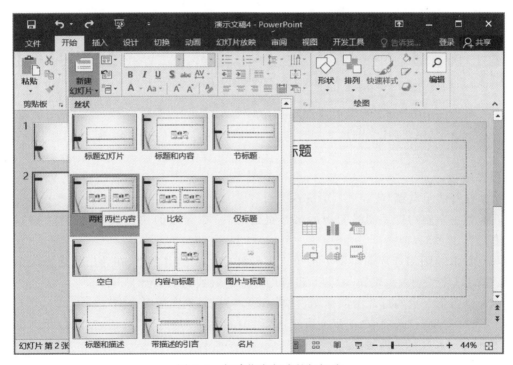

图 6.9 新建指定版式的幻灯片

(4) 单击"开始"选项卡"新建幻灯片"按钮上方的图标,新建一页"标题和内容"版式幻灯片。选择第四页幻灯片,单击"开始"选项卡"幻灯片"组中的"版式"按钮,在版式列表中选择"标题和竖排文字",如图 6.10 所示。

(5) 单击快速访问工具栏中的"保存"按钮,将演示文稿保存为 6-1-4.pptx。

范例 5:幻灯片编辑★

打开演示文稿"武汉 6-1-5.pptx",完成以下操作。

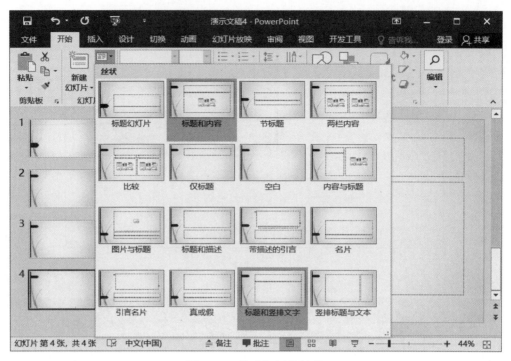

图 6.10 修改幻灯片版式

(1) 删除标题为"大江大湖大武汉"的幻灯片。

(2) 在第 1 页幻灯片之前插入一页版式为"标题幻灯片"的幻灯片,输入标题"武汉情况介绍"。

操作步骤:

(1) 打开演示文稿"武汉 6-1-5.pptx"。

(2) 右击左侧幻灯片缩略图中的第 2 页幻灯片,在弹出的快捷菜单中选择"删除幻灯片",删除第 2 页幻灯片。

(3) 右击左侧幻灯片缩略图中的第 1 页幻灯片上方的空白处,在弹出的快捷菜单中选择"新建幻灯片",插入一页新幻灯片,设置幻灯片的版式为"标题幻灯片"。

(4) 单击第 1 页幻灯片中的标题占位符,输入文本"武汉情况介绍"。

(5) 单击"视图"选项卡"演示文稿视图"组中的"幻灯片浏览"按钮,在幻灯片浏览视图中查看所有幻灯片的缩略图,如图 6.11 所示。

(6) 保存文件。

范例 6:插入文本框及艺术字★

打开演示文稿"武汉 6-1-6.pptx",完成以下操作。

(1) 在第 1 页幻灯片中加入垂直文本框,将文本文件"历史名城.txt"中的介绍文字加入到文本框中。

(2) 将第 2 页幻灯片版式设为"空白",加入艺术字"谢谢大家欣赏!"。设置艺术字字体为华文行楷,大小 54。设置艺术字样式为"渐变填充-紫色,着色 4,轮廓-着色 4"。

图 6.11　在"幻灯片浏览"视图查看演示文稿

操作步骤：

(1) 打开演示文稿"武汉 6-1-6.pptx"。

(2) 选择第 1 页幻灯片，单击"插入"选项卡"文本"组中的"文本框"按钮，选择"竖排文本框"。按下鼠标在幻灯片编辑区中拖动，插入竖排文本框。

(3) 打开文本文件"历史名城.txt"，选择文件中的所有文字，按 Ctrl+C 快捷键，将文本复制到剪贴板。

(4) 切换到 PowerPoint 窗口，选择第 1 页中的竖排文本框，按 Ctrl+V 快捷键，将文本粘贴到文本框中，如图 6.12 所示。

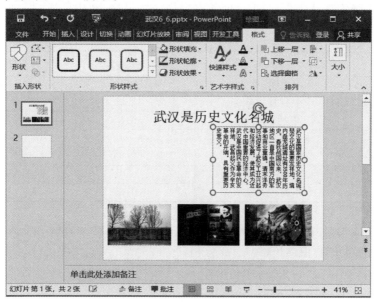

图 6.12　插入竖排文本框

(5) 单击第 2 页幻灯片,将版式设为"空白"。单击"插入"选项卡"文本"组中的"艺术字"按钮,在艺术字样式库中选择"渐变填充-紫色,着色 4,轮廓-着色 4",如图 6.13 所示。

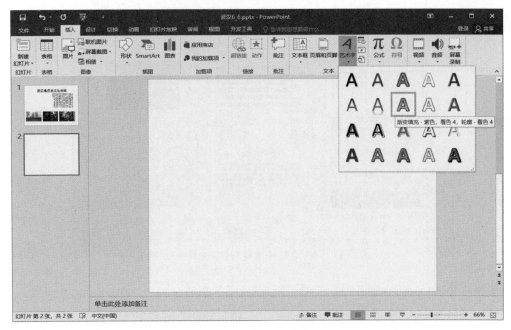

图 6.13 插入艺术字

(6) 选择插入的艺术字,在"开始"选项卡中设置字体为"华文行楷",字体大小 54。
(7) 保存文件。

范例 7:插入表格、图表★

打开演示文稿"武汉 6-1-7.pptx",完成以下操作:

(1) 在第 1 张幻灯片中创建表 6.1,并将表格样式设置为"中度样式 3-强调 1"。

表 6.1 武汉部分大学国内排名

名　次	学 校 名 称	总　　分	办学类型
7	武汉大学	81.49	研究型
11	华中科技大学	75.04	研究型
38	武汉理工大学	65.52	研究型
41	华中师范大学	65.40	研究型
48	华中农业大学	64.89	研究型
60	中国地质大学(武汉)	64.0	研究型
71	中南财经政法大学	63.67	研究型

(2) 在第 2 张幻灯片中插入如图 6.14 所示的武汉经济情况分析二维簇状柱形图,其数据来自"武汉地区生产总值.xlsx"。

操作步骤:

(1) 打开演示文稿"武汉 6-1-7.pptx"。
(2) 选择第 1 页幻灯片。单击"插入"选项卡"表格"组中的"表格"按钮,插入一个 4 列 8

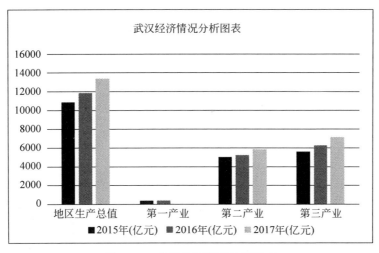

图 6.14 武汉经济情况分析图表

行的表格,输入表 6.1 中的数据。

(3) 选择表格,在表格工具"设计"选项卡"表格样式"组中设置样式为"中度样式 3-强调 1",如图 6.15 所示。

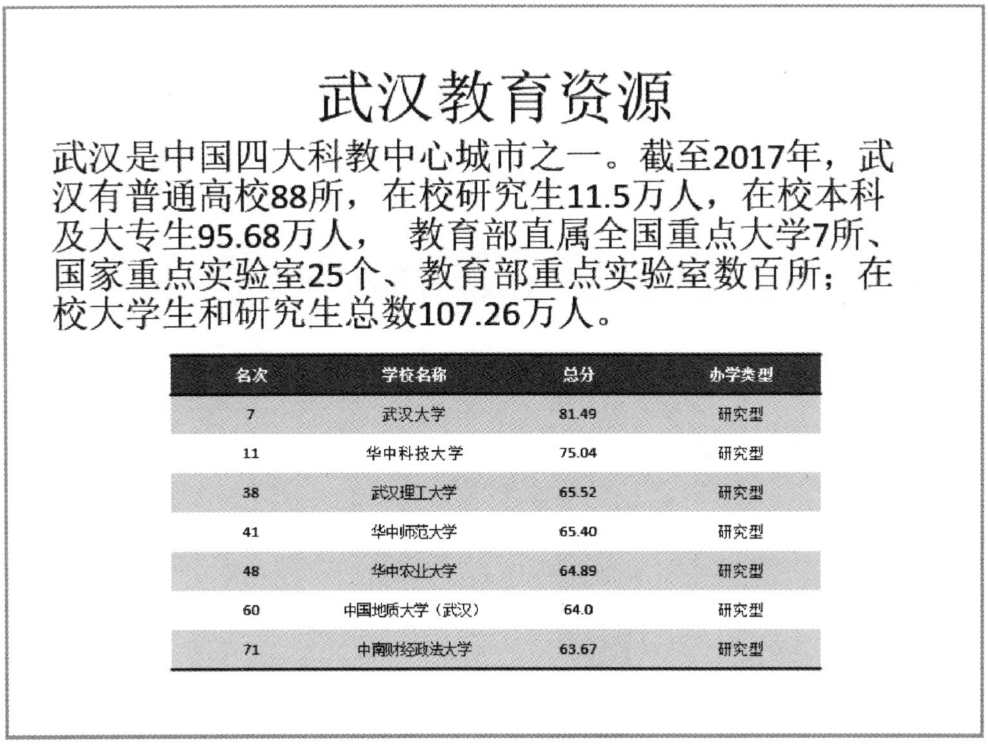

图 6.15 设置表格样式

(4) 选择第 2 页幻灯片。单击内容占位符中的"插入图表"按钮,在"插入图表"对话框中选择柱形图中的簇状柱形图。此时占位符中显示一个簇状柱形图,同时打开"Microsoft

PowerPoint 中的图表"窗口,窗口中的数据为图表对应的数据,如图 6.16 所示。

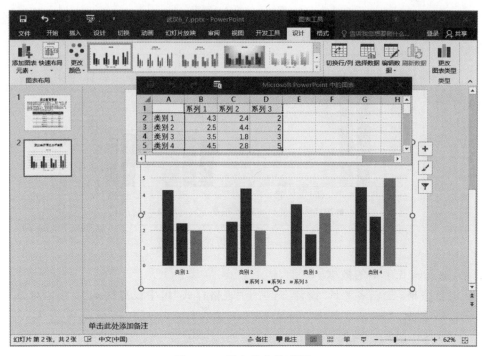

图 6.16　插入簇状柱形图

（5）打开工作簿"武汉地区生产总值.xlsx"，将 Sheet1 工作表 A2:D6 区域中的数据复制，粘贴到"Microsoft PowerPoint 中的图表"窗口从 A1 单元格开始的数据区域内，如图 6.17 所示。

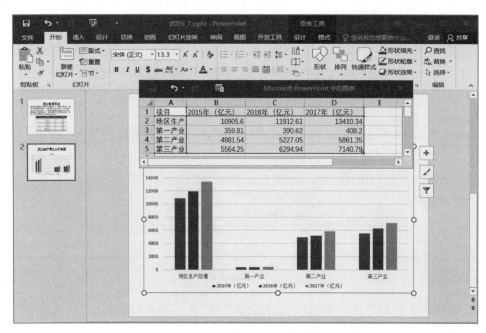

图 6.17　武汉地区生产总值数据

(6) 关闭"Microsoft PowerPoint 中的图表"窗口,保存文件。

范例 8:设置超链接。★

打开演示文稿"武汉 6-1-8.pptx",完成以下操作:

(1) 在第 2 页幻灯片中为 SmartArt 中的各个标题所在的形状添加超链接,单击每个标题形状能跳转到对应页面。

(2) 分别在第 4、5、6 页幻灯片的右下角中插入返回目录按钮,单击该按钮时返回第 2 页幻灯片。

(3) 在第 15 页幻灯片中插入横排文本框,内容为"可以进一步了解武汉"。为文本插入超链接 https://baike.baidu.com/item/%E6%AD%A6%E6%B1%89/106764?fr=aladdin。

操作步骤:

(1) 打开演示文稿"武汉 6-1-8.pptx"。

(2) 选择第 2 张幻灯片,单击选择 SmartArt 图形中的第 1 个标题"大江大湖大武汉"所在的矩形。单击"插入"选项卡"链接"组中的"超链接"按钮,在"插入超链接"对话框中选择链接到"本文档中的位置",并选择文档中的位置为第 3 页幻灯片,如图 6.18 所示。单击"确定"按钮。

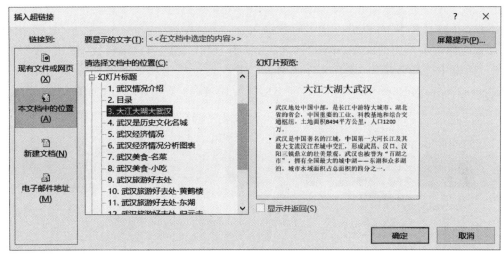

图 6.18 "插入超链接"对话框

(3) 采用同样方法,在 SmartArt 中其他标题所在的矩形上插入超链接,设置跳转到本文档中的对应页。

(4) 选择第 4 页幻灯片。单击"插入"选项卡"插图"组中的"形状"按钮,选择圆角矩形,在幻灯片的右下角插入一个圆角矩形。右击圆角矩形,在弹出的快捷菜单中选择"编辑文字",输入文字"返回"。

(5) 选择圆角矩形,单击"插入"选项卡"链接"组中的"动作"按钮,在"操作设置"对话框中选择超链接到幻灯片,并在"超链接到幻灯片"对话框中选择"2-目录",如图 6.19 所示。依次单击"确定"按钮完成设置。

(6) 选择"返回"按钮,将按钮复制、粘贴到第 5、6 页幻灯片的右下角。

(7) 选择第 15 页幻灯片,单击"插入"选项卡"文本"组中的"文本框"按钮,插入一个横

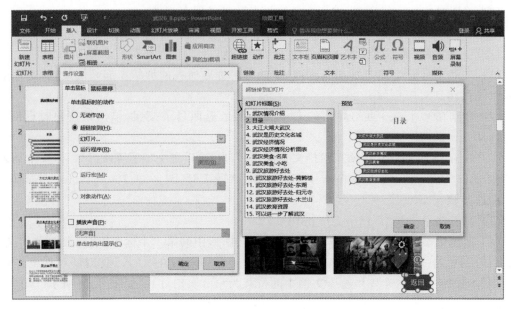

图 6.19 设置"返回"动作按钮

排文本框,并输入文本"可以进一步了解武汉"。

(8)选择文本框中的文字,单击"插入"选项卡"链接"组中的"超链接"按钮,在"插入超链接"对话框中选择链接到"现有文件或网页",并在地址栏中填入链接地址 https://baike.baidu.com/item/％E6％AD％A6％E6％B1％89/106764?fr=aladdin,如图 6.20 所示。

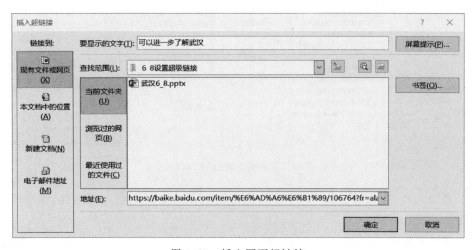

图 6.20 插入网页超链接

(9)放映演示文稿,检查各页中设置的超链接是否能正确跳转。保存文件。

三、实验练习

练习 1:打开文件"我喜欢的动物.pptx",完成以下操作。演示文稿完成效果如图 6.21 所示。★

图 6.21 "我喜欢的动物"演示文稿完成效果

（1）在幻灯片母版视图中选择"Office 主题幻灯片母版"。设置母版中标题样式的字体为隶书、标准色深蓝。设置母版中文本样式的字体为楷体、标准色蓝色。在母版中插入图片 back.jpg，将图片调整至合适位置，使图片作为所有幻灯片的背景。

（2）返回普通视图。设置当前幻灯片的标题为"聪明又可爱的狗狗"，在竖排文字占位符中输入小狗介绍文本，文本内容在"狗狗.txt"文件中。

（3）在小狗幻灯片上方插入一页幻灯片，采用"标题"版式，设置标题为"我喜欢的动物"、副标题为"动物是人类的朋友"。

（4）在标题幻灯片和小狗幻灯片之间插入一页幻灯片，采用"两栏内容"版式。设置标题为"可爱的兔子"。设置左侧栏内容为图片 rabbit.jpg，右侧栏内容为兔子介绍文本，文本内容在"兔子.txt"文件中。

（5）在演示文稿最后插入一页幻灯片，版式为"空白"。在幻灯片中插入一个竖排文本框，内容为"爱护动物,从我做起！"。文本框采用标准色浅蓝填充，文本为宋体、加粗、36 号，字体颜色为白色背景 1。

练习 2：打开文件"birthday.pptx"，完成以下操作。演示文稿完成效果如图 6.22 所示。★

（1）在第三页幻灯片中加入以下艺术字，设置字体为华文隶书，大小 54，艺术字样式为"填充-红色，着色 2，轮廓-着色 2"，文本效果为"转换"中的"弯曲正三角"效果，如图 6.23 所示。

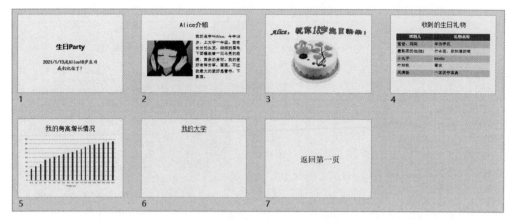

图 6.22　birthday 演示文稿完成效果

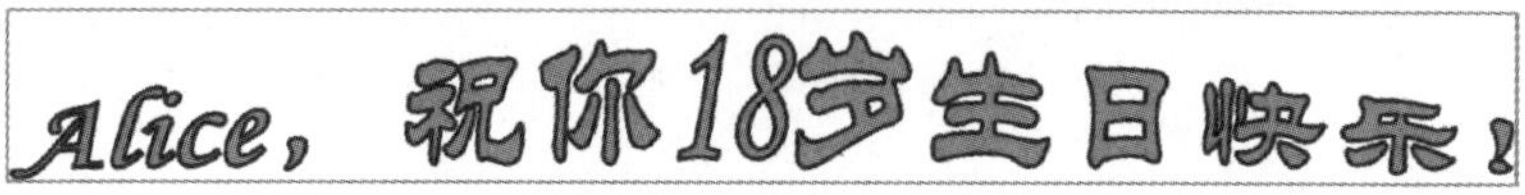

图 6.23　艺术字效果

(2) 插入第四页幻灯片，版式为“标题和内容”。将幻灯片标题设为“收到的生日礼物”。在幻灯片内容占位符中插入一张表格，如图 6.24 所示，设置表格样式为“中度样式 2-强调 1”。

(3) 插入第五页幻灯片，版式为“标题和内容”。将幻灯片标题设为“我的身高增长情况”。在幻灯片内容占位符中插入身高增长二维簇状柱形图，数据来源于“身高表. xlsx”文件，如图 6.25 所示。

收到的生日礼物

送利人	礼物名称
爸爸、妈妈	华为手机
最熟悉的他(她)	什么花，你知道的哦
小丸子	Kindle
叶知秋	香水
风清扬	一本武学宝典

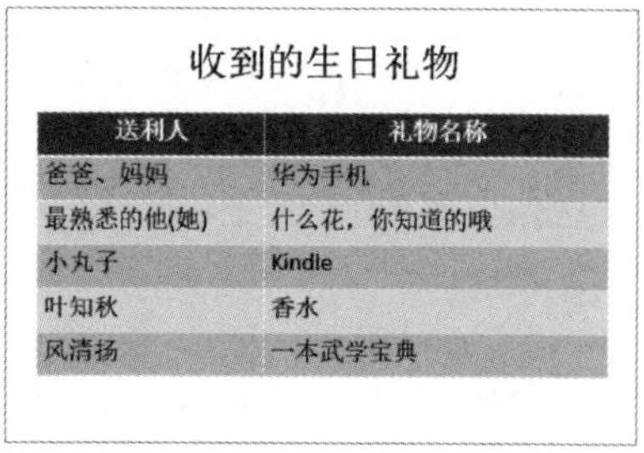

图 6.24　插入生日礼物表格

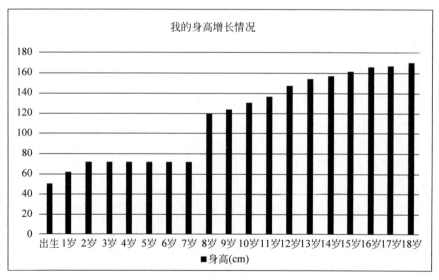

图 6.25　插入身高增长情况图表

(4) 插入第六页幻灯片,将其版式设为"仅标题"。在标题占位符中输入标题"我的大学",并为文字设置超链接 https://www.jhun.edu.cn。

(5) 插入第七页幻灯片,将其版式设为"空白"。在幻灯片中插入一个横排文本框,文字为"返回第一页"。设置该文本框超链接到第一页幻灯片。

四、实验思考

(1) 如何创建如图 6.26 所示艺术字。

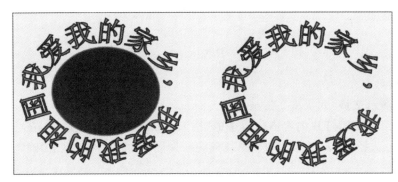

图 6.26 完全环绕形状的文本

(2) 小王制作了一个演示文稿展示社团的活动情况参加学校社团评比,演示文稿要通过投影机播放。演示文稿中有大量高清照片,使文件比较大。请问有什么办法快速减小演示文稿的文件大小。

(3) 为文字设置超链接后,文字的颜色就只有单击超链接之前和单击超链接之后的两种固定颜色了。请问怎样修改超链接文字的颜色。

实验项目二 演示文稿高级操作

一、实验目的

(1) 掌握在幻灯片中插入 SmartArt 图形并设置格式的方法。
(2) 掌握在幻灯片中插入音频对象,以及设置音频对象属性的方法。
(3) 掌握在幻灯片中插入视频对象,以及设置视频对象属性的方法。
(4) 理解进入、强调、退出三种动画类型的作用以及三种动画开始方式的区别,掌握为对象设置动画的方法,能利用动画窗格制作复杂动画。
(5) 掌握幻灯片切换的设置方法。
(6) 了解不同放映类型的作用,能根据不同场景设置不同放映方式。

二、实验范例

范例 1:插入 SmartArt 图形 ★

在演示文稿"武汉 6-2-1.pptx"中插入 SmartArt 图形,展示武汉美食图片和名称,如图 6.27 所示。

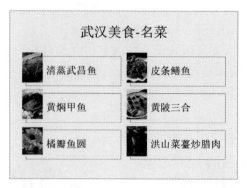

图 6.27 武汉美食 SmartArt 图形效果

操作步骤：

(1) 打开演示文稿"武汉 6-2-1.pptx"。

(2) 单击第一页幻灯片内容占位符中的"插入 SmartArt 图形"按钮，在"选择 SmartArt 图形"对话框中选择"列表"分类中的"图片条纹"，如图 6.28 所示。单击"确定"按钮。

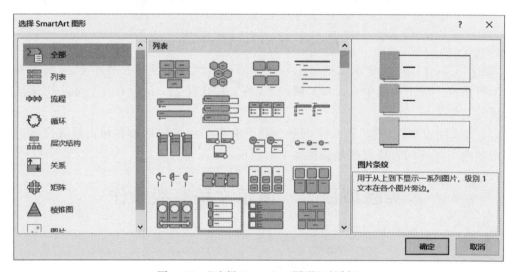

图 6.28 "选择 SmartArt 图形"对话框

(3) 选择第二行的文本框，单击"设计"选项卡"创建图形"组中的"添加形状"按钮，选择"在后面添加形状"，再添加三个形状，完成两列三行的列表布局，如图 6.29 所示。

(4) 在每个文本框中分别输入菜名。双击图片占位符，在"插入图片"对话框中单击"从文件浏览"，在"插入图片"对话框中选择与菜名对应的图片。

(5) 保存文件。

范例 2：插入音频 ★★

为演示文稿"武汉 6-2-2.pptx"加入背景音乐 BackMusic.mp3，要求在开始播放演示文稿时自动循环跨幻灯片播放音乐，音乐剪辑图标不出现在幻灯片中。

操作步骤：

(1) 打开演示文稿"武汉 6-2-2.pptx"。

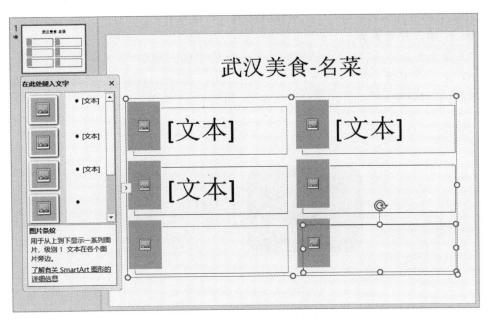

图 6.29 设置 SmartArt 列表布局

（2）选择第一页幻灯片。单击"插入"选项卡"媒体"组中的"音频"按钮,选择"PC 上的音频"。在"插入音频"对话框中选择背景音乐文件 BackMusic.mp3,单击"插入"按钮。

（3）选择插入的音乐剪辑图标,在"播放"选项卡的"音频选项"组中设置开始方式为"自动",选中"跨幻灯片播放""循环播放,直到停止""放映室隐藏"复选框,如图 6.30 所示,设置音乐自动循环跨幻灯片播放。

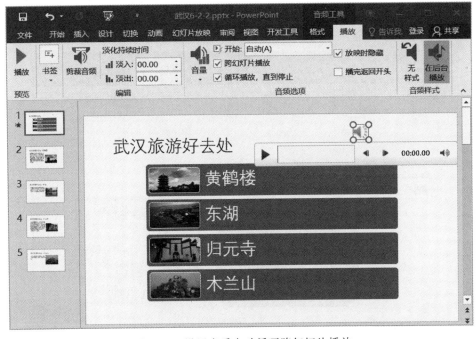

图 6.30 设置音乐自动循环跨幻灯片播放

(4) 放映演示文稿，检查背景音乐播放效果。保存文件。

范例 3：插入视频★★

在"武汉 6-2-3.pptx"演示文稿的第 2 页幻灯片中插入视频"大城崛起.MP4"和武汉的文字介绍，文字介绍内容在"大江大湖大武汉.txt"中。要求幻灯片采用"两栏内容"版式，视频采用圆角矩形效果，进入幻灯片时自动播放，如图 6.31 所示。

图 6.31　插入视频效果

操作步骤：

(1) 打开演示文稿"武汉 6-2-3.pptx"。

(2) 选择第 2 页幻灯片，单击"开始"选项卡"幻灯片"组中的"版式"按钮，选择"两栏内容"。在标题占位符中输入"大江大河大武汉"，将文本文件"大江大湖大武汉.txt"中的内容复制粘贴到右侧内容占位符中。

(3) 单击左侧占位符中的"插入视频文件"按钮，在"插入视频"对话框中选择"来自文件"。在"插入视频文件"对话框中选择视频文件"大城崛起.mp4"，单击"插入"按钮。

(4) 选择插入的视频对象，在"格式"对话框中单击"视频样式"组中的"视频形状"按钮，选择"圆角矩形"。在"播放"选项卡"视频选项"组中设置开始方式为"自动"，如图 6.32 所示。

图 6.32　设置视频外观并自动播放

(5) 放映演示文稿,检查视频放映效果。保存文件。

范例 4:动画设置★★

为演示文稿"武汉 6-2-4.pptx"各页幻灯片中的对象添加动画,动画设置要求如下。

(1) 在第 1 页幻灯片中为武汉介绍文本框的添加进入动画,效果为"浮入",单击时播放,持续时间 8 秒,延时 0 秒。为三幅图片分别添加进入动画,效果为"浮入",与上一动画同时播放。三幅图片从左到右分别设置持续时间为 6 秒、5 秒、4 秒,延时为 2 秒、3 秒、4 秒。

(2) 在第 2 页幻灯片中为内容占位符添加进入动画,效果为由内向外切出的形状,单击时播放,持续时间 2 秒,延时 0。

(3) 在第 3 页幻灯片中为图表添加动画,要求图表背景以从左向右擦除方式进入,三年的数据系列依次以从下向上擦除方式进入。所有动画单击时播放,持续时间 3 秒,延时 0 秒。

操作步骤:

(1) 打开演示文稿"武汉 6-2-4.pptx"。

(2) 选择第 1 页幻灯片。选择武汉介绍文本框,单击"动画"选项卡"高级动画"组中的"添加动画"按钮,选择进入动画中的"浮入"。在"计时"组中设置开始方式为"单击时",持续时间为 8,延迟为 0,如图 6.33 所示。

图 6.33 设置武汉介绍文本框动画效果

(3) 选择左侧图片,单击"动画"选项卡"高级动画"组中的"添加动画"按钮,选择进入动画中的"浮入"。在"计时"组中设置开始方式为"与上一动画同时",持续时间为 6,延迟为 2。采用同样方法设置另外两张图片的进入动画。单击"动画"选项卡"高级动画"组中的"动画窗格"按钮,显示动画的时间线,如图 6.34 所示。

(4) 选择第 3 页幻灯片中的图表,单击"动画"选项卡"高级动画"组中的"添加动画"按钮,选择进入动画中的"擦除",单击"效果选项"按钮,选择"自左侧"。在"计时"组中设置开

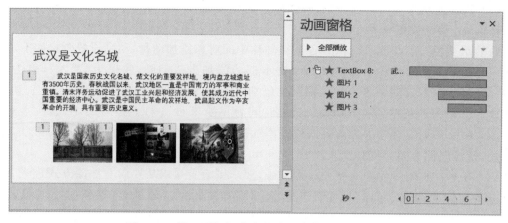

图 6.34　第 1 页幻灯片中的动画次序与动画窗格

始方式为"单击时",持续时间 3 秒,延迟 0 秒。单击"动画窗格"中的"全部播放"按钮,整个图表按从左侧擦除方式进入。

(5) 选择动画窗格中的内容占位符 6 右侧的三角形,在下拉菜单中选择"效果选项",在"擦除"对话框"图表动画"选项卡中设置组合图表"按系列"显示动画,如图 6.35 所示。

图 6.35　设置按系列显示图表动画

(6) 在动画窗格中分别选择内容占位符 6 中的系列 1、系列 2、系列 3,在"动画"选项卡"效果选项"中设置擦除动画效果为"自底部"。

(7) 单击"动画窗格"中的"全部播放"按钮,图表背景从左向右擦除进入,数据系列中的三组柱体依次从下向上擦除进入。动画窗格中对象时序如图 6.36 所示。

(8) 从头放映演示文稿,检查动画设置。保存文件。

范例 5:路径动画★★★

在演示文稿"小球下落 6-2-5.pptx"的第 1 页幻灯片中,制作小球下落动画。

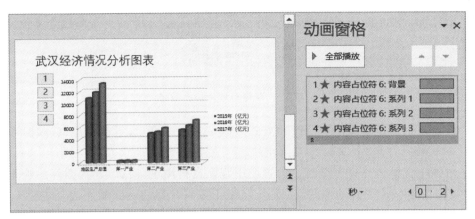

图 6.36 图表中的动画次序及动画窗格

操作步骤：

（1）打开演示文稿"小球下落 6-2-5.pptx"。

（2）选择第 1 页幻灯片中的圆，单击"动画"选项卡中的"高级动画"按钮，在动画类型列表中选择动作路径中的"直线"，为圆添加向下直线运动动画，如图 6.37 所示。

（3）单击动作路径，将路径终点向下拖动，设置圆移动的终点位置，如图 6.38 所示。在"动画"选项卡"计时"组中设置开始方式为"单击时"，持续时间 3 秒，延迟 0 秒。

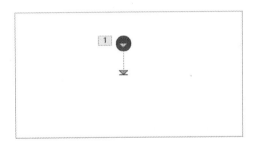

图 6.37 添加向下直线运动动画

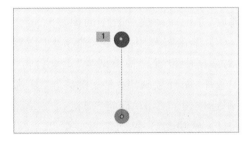

图 6.38 修改动作路径

（4）放映演示文稿，查看动画效果。保存文件。

范例 6：幻灯片切换★

为演示文稿"武汉 6-2-6.pptx"中的所有幻灯片设置"淡出"切换效果，要求切换效果时长 1 秒，单击鼠标换片或 5 秒自动换片。

操作步骤：

（1）打开演示文稿"武汉 6-2-6.pptx"。

（2）选择第 1 页幻灯片，单击"切换"选项卡"切换到此幻灯片"组中的"淡出"切换效果。在"计时"组中设置持续时间为 1 秒，选择"单击鼠标时"和"设置自动换片时间"复选框，并设置自动换片时间为 5 秒，如图 6.39 所示。单击"计时"组中的"全部应用"按钮。

（3）放映演示文稿，查看动画效果。保存文件。

范例 7：设置放映方式★★

打开演示文稿"武汉 6-2-7.pptx"，分别设置以下三种放映方式并另存文件。

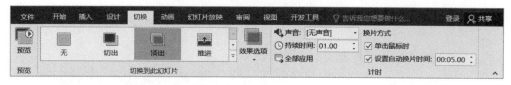

图 6.39 设置幻灯片切换效果

(1) 设置使用演讲者视图(全屏幕)方式放映 2、3 页幻灯片,手动换片,放映时不播放动画。将演示文稿另存为"武汉 6-2-7A.pptx"。

(2) 对演示文稿进行排练计时。设置使用观众自行浏览(窗口)方式循环放映全部幻灯片,演示文稿按排练计时自动换片,按 Esc 键终止放映。将演示文稿另存为"武汉 6-2-7B.pptx"。

操作步骤:

(1) 打开演示文稿"武汉 6-2-7.pptx"。

(2) 单击"幻灯片放映"选项卡"设置"组中的"设置幻灯片放映"按钮,在"设置放映方式"对话框中设置放映类型为"演讲者放映",在放映幻灯片中设置从 2 到 3,在换片方式中选择"手动"单选按钮,单击"确定"按钮。

(3) 放映幻灯片,查看放映效果。将文件另存为"武汉 6-2-7A.pptx"。

(4) 重新打开演示文稿"武汉 6-2-7.pptx"。

(5) 单击"幻灯片放映"选项卡"设置"组中的"排练计时"按钮,系统将演示文稿从头开始播放,并记录播放过程中的换片时间。

(6) 单击"幻灯片放映"选项卡"设置"组中的"设置幻灯片放映"按钮,在"设置放映方式"对话框中设置放映类型为"观众自行浏览(窗口)",在放映幻灯片中设置"全部",放映选项中选择"循环放映,按 Esc 键终止"复选框,在换片方式中选择"如果存在排练时间,则使用它"单选按钮。单击"确定"按钮。

(7) 放映幻灯片,查看放映效果。将文件另存为"武汉 6-2-7B.pptx"。

三、实验练习

练习 1:在演示文稿"金庸.pptx"中补充以下内容,如图 6.40 所示,并按要求设置动画和背景音乐。★★

(1) 在第 1 页幻灯片中插入"金庸.jpg"图片。

(2) 在第 2 页幻灯片中插入两个 SmartArt 图形,类型为"垂直项目符号列表",内容为金庸的小说名称。

(3) 在第 6 页幻灯片中插入金庸小说字数的簇状柱形图,图表数据在文本文件"作品字数排名.txt"中。

(4) 在第 1 页幻灯片中插入音频"背景音乐.mp3",要求自动跨幻灯片循环播放,播放时隐藏声音图标。

(5) 为第 1 页幻灯片设置动画:金庸图片进入方式为垂直随机线条,持续时间 2 秒,延迟 0 秒,单击时开始。右侧金庸文字介绍进入方式为曲线向上,持续时间 2 秒,延迟 1 秒,在上一动画之后开始,按段落显示。

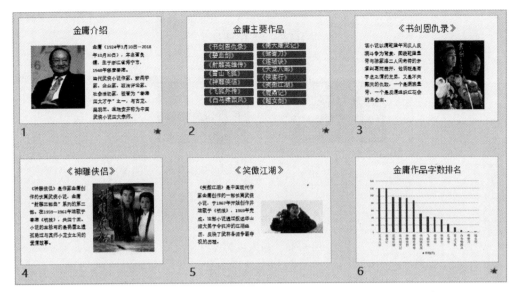

图 6.40 "金庸.pptx"演示文稿内容

(6) 为第 2 页幻灯片设置动画：进入幻灯片后，左侧 SmartArt 图形向下浮入，右侧 SmartArt 图形同时向上浮入，每个动画分别作为一个对象发送，持续时间 2 秒，延迟 0 秒。

(7) 为第 6 页幻灯片中的图表设置动画，图表进入方式为缩放，整个图表同时进入。动画单击鼠标开始，持续时间 2 秒，延迟 0 秒。

(8) 为第 3、4、5 页幻灯片设置切换方式为从右向左覆盖，单击鼠标时换片，持续时间 1 秒。

练习 2：在演示文稿"李煜.pptx"的第 3 页幻灯片中插入音频文件"虞美人.mp3"。要求音频在进入幻灯片时自动播放，只播放第 16 秒至第 57 秒之间的朗诵部分，音频图标在放映时隐藏，音频只在当前幻灯片中播放一次。★★

练习 3：在演示文稿"旅游好景点.pptm"的第 2 张幻灯片中插入"黄鹤归来.mp4"、"品味东湖.mp4"视频，如图 6.41 所示。要求单击视频时全屏播放，播放结束后返回幻灯片。★★

练习 4：在演示文稿"太阳.pptx"中为太阳设置动画，要求太阳从画面左侧升起，经过一条弧线路径，落于画面右侧，如图 6.42 所示。注意太阳应该在高楼背后升起和落下。动画持续时间 10 秒，进入幻灯片时自动循环播放动画，直至单击鼠标停止。★★★

练习 5：打开练习 1 完成的演示文稿"金庸.pptx"，分别设置三种不同的放映方式并按要求保存文件。★

(1) 设置放映方式为演讲者放映（全屏幕），手动放映全部幻灯片，放映时不播放动画。将文件另存为"练习 6.5 金庸 A.pptx"。

(2) 设置放映方式为观众自行浏览（窗口），循环放映全部幻灯片，按 Esc 键终止。放映时播放动画。将文件另存为"练习 6.5 金庸 B.pptx"。

(3) 为演示文稿设置排练计时，换片时间自行设定。设置放映方式为演讲者放映（全屏幕），使用排练时间放映第 2 至 5 页幻灯片，放映时显示动画。将文件另存为"练习 6.5 金庸 C.pptx"。

图 6.41　插入风景视频

图 6.42　太阳动画

练习 6：请根据以下要求设计制作演示文稿。★★★

（1）搜集文字、图片、声音等相关素材，设计制作一个介绍戴望舒《雨巷》的演示文稿。

（2）设计制作一个演示文稿，向同学们介绍自己的工作、生活、学习情况或自己的奇思妙想。

四、实验思考

（1）小王制作了一个演示文稿用于演讲，时长大约是 2 分钟。他准备使用的背景音乐文件有 5 分钟，你有哪几种处理方法帮助小王将背景音乐和演讲时长配合好？如果背景音乐只有 90 秒，你又会怎样处理？

（2）在小王的演讲中，需要播放一个很大的视频文件。如果将视频插入演示文稿，会造成演示文稿文件很大，也可能会使放映时的响应速度慢。这时还有什么其他方法能在演讲播放 PPT 的过程中快速播放视频？

（3）如果要在演示文稿中每进入下一页幻灯片时都自动播放一小段相同的动画，可以采用什么方法快速实现？

第 7 章　网络与安全

实验项目　网络与安全

一、实验目的

（1）掌握计算机病毒的防治方法。
（2）掌握在 Windows 备份和还原的方法。
（3）理解 IP 地址和域名之间的转换机制，能为局域网中的计算机设置 IP 地址。
（4）了解计算机小型局域网组网需要的设备和技术，能根据需要构建和配置家庭无线局域网。
（5）理解浏览器访问网页的工作流程，掌握利用浏览器从因特网下载各类型资源的方法。

二、实验范例

范例 1：计算机病毒查杀★

操作系统已经安装了杀毒软件"360 杀毒"，请对 C 盘下"用户"文件夹进行扫描杀毒。

操作步骤：

（1）打开资源管理器，选择 C 盘。右击 C 盘中的"用户"文件夹，在弹出的快捷菜单中选择"使用 360 杀毒扫描"选项。360 杀毒软件开始运行并对"用户"文件夹进行扫描，如图 7.1 所示。

图 7.1　杀毒软件对"用户"文件夹进行扫描

（2）如果存在病毒，则在扫描结果窗口中，单击"立即处理"按钮清除病毒，如图 7.2 所示。

（3）清除病毒后，系统显示处理结果信息。系统将被处理的文件在恢复区进行备份。如果需要恢复或彻底删除相关文件，可以在"恢复区"窗口中进行相关操作，如图 7.3 所示。

范例 2：浏览并保存网页信息★

使用任意浏览器访问江汉大学网页 https://www.jhun.edu.cn/，将江汉大学网站首

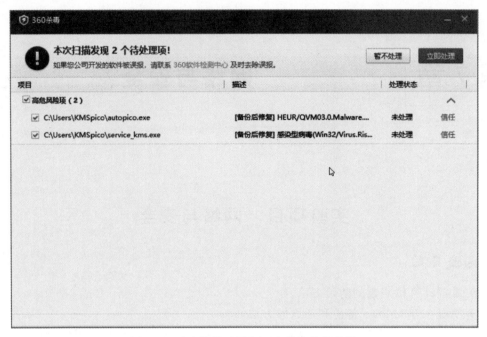

图 7.2　杀毒软件对"用户"文件夹进行扫描

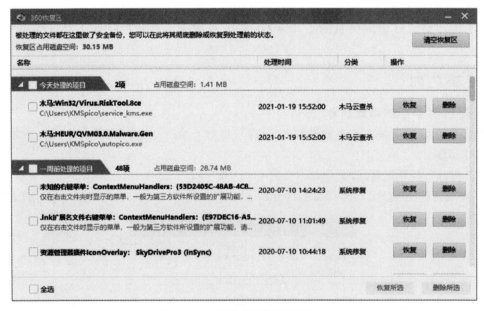

图 7.3　杀毒软件"恢复区"窗口

页左上角的学校图标图片下载保存到计算机中,然后将图片插入 Word 文件"江汉大学图标.docx"中。

操作步骤：

(1) 打开浏览器,在网址栏中输入 https://www.jhun.edu.cn/,访问江汉大学网站首页。

(2) 右击网页左上角的江汉大学图标图片,在弹出的快捷菜单中选择"图片另存为"选项,如图 7.4 所示。在"另存为"对话框中设置将图片保存到桌面上,文件名为"江汉大学图标.png"。

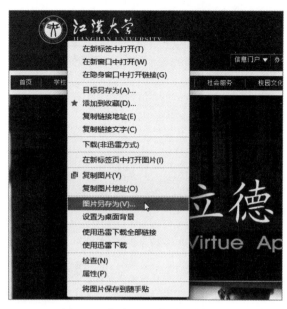

图 7.4　保存江汉大学图标图片

(3) 新建 Word 文件"江汉大学图标"。打开 Word 文件,在 Word 文件中插入图片"江汉大学图标.png",保存并关闭 Word 文件。

范例 3:IP 地址设置★

请对当前机器的网络地址进行设置,要求 IP 地址设为 192.168.1.6,子网掩码为 255.255.255.0,默认网关为 192.168.1.254,DNS 服务器为 8.8.8.8。

操作步骤:

(1) 打开控制面板,依次单击"网络和 Internet""网络和共享中心",进入"网络和共享中心"窗口,如图 7.5 所示。单击"以太网",进入"以太网状态"对话框,如图 7.6 所示。

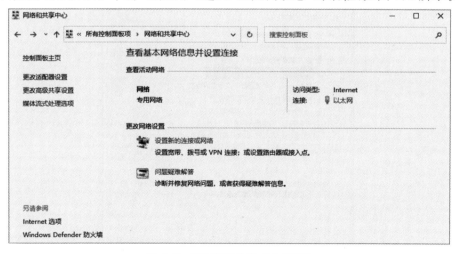

图 7.5　"网络和共享中心"窗口

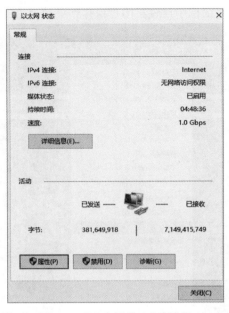

图 7.6 "以太网状态"对话框

(2) 在"以太网状态"对话框中单击"属性"按钮,打开"以太网 属性"对话框,如图 7.7 所示,双击"以太网属性"对话框中的"Internet 协议版本 4(TCP/IPv4)"列表项。在弹出的"Internet 协议版本 4(TCP/IPv4)属性"对话框中,输入题目要求的 IP 地址,子网掩码,默认网关和 DNS 服务器地址,如图 7.8 所示,依次单击"确定"按钮,完成设置。

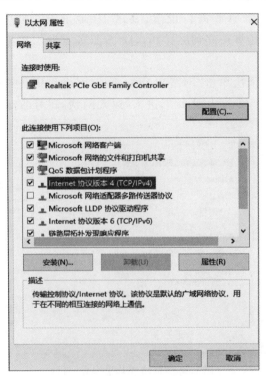

图 7.7 "以太网 属性"对话框

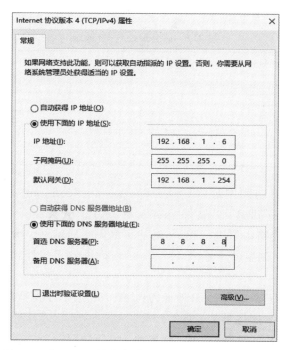

图 7.8 "Internet 协议版本 4(TCP/IPv4)属性"对话框

三、实验练习

练习 1：使用 Windows 备份和还原功能，按以下要求对系统进行备份和还原。★
（1）设置备份到 D 盘 backup 目录中。
（2）从 D 盘 backup 目录里已有的备份中还原系统。

练习 2：如果经常访问陌生网站，并从上面随意下载文件，可能造成病毒感染和传播的严重后果。为了保证系统安全，请进行下列的病毒防治工作。★★
（1）更新操作系统，安装最新的更新补丁。
（2）设置启用 Windows Defender 防火墙。
（3）使用杀毒软件对 U 盘中的文件进行扫描杀毒。

练习 3：请按照图 7.9 所示的 IP 地址设置要求对计算机网络属性中的 Internet 协议版本 4(TCP/IPv4)属性进行设置。★

图 7.9 IP 地址设置要求

练习 4：理解 IP 地址和域名之间的转换过程，利用命令行的 ping 命令获取并填写

表 7.1 中 5 个域名的 IP。★

表 7.1　域名地址与 IP 地址

域名地址	IP 地址
www.sina.com.cn	
www.baidu.com	
www.jhun.edu.cn	
www.163.com	
www.qq.com	

练习 5：利用浏览器访问网址：http://sports.sina.com.cn/，从网页中选择文字、图片、表格等内容，下载保存到 Word 文件 sports.docx 中。★★

练习 6：对华为无线路由器进行配置，构建家庭无线局域网。★★

安装好路由器后，在浏览器中输入 192.168.3.1，进入无线路由器配置界面，进行下列配置。

(1) 设置上网方式为"静态 IP"，IP 地址为：192.168.1.2，子网掩码为：255.255.255.0，网关为：192.168.1.1，DNS 服务器为：192.168.1.1。

(2) 设置 Wi-Fi 名称为 HFwifi、Wi-Fi 密码为 HF12345678。

四、实验思考

(1) 网络协议 IPv4 和 IPv6 有什么区别？

(2) 尝试用 GHOST 软件对操作系统进行备份和还原操作。

(3) 在防火墙中功能禁止某个程序访问网络吗？怎么设置？

(4) 在 360 浏览器中有兼容模式和急速模式，它们对应的内核分别是什么？

第 8 章　计算机专业理论简介

实验项目　计算机专业理论简介

一、实验目的

（1）多媒体技术：了解声音、图像、动画的数字化过程。
（2）数据结构：了解队列、堆栈和二叉树三种不同的数据结构和一些基本运算。
（3）数据结构：了解基本的查找和排序技术（二分法查找、冒泡排序、简单选择排序）。
（4）数据库原理：了解数据库中的概念模型和关系模型，能根据需求绘制基本 E-R 图并将 E-R 图转换为关系。

二、实验范例

范例 1：数据结构：二叉树遍历★★★

遍历是树形数据结构的一个基本运算。图 8.1 是一棵二叉树，请在表 8.1 中写出三种不同的遍历序列结果。

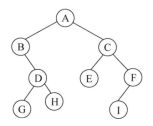

图 8.1　二叉树

表 8.1　二叉树的遍历序列

遍 历 规 则	遍 历 序 列
前序遍历	
中序遍历	
后序遍历	

解析：

二叉树的遍历是指不重复地访问二叉树中的所有结点。二叉树由根(D)、左子树(L)、右子树(R)组成。

- 前序遍历规则：根→前序遍历左子树→前序遍历右子树；
- 中序遍历规则：中序遍历左子树→根→中序遍历右子树；
- 后序遍历规则：后序遍历左子树→后序遍历右子树→根。

再分别遍历左右子树时仍然采用对应的遍历方法。

因此，图 8.1 中二叉树的前序遍历序列是 ABDGHCEFI，中序遍历序列是 BGDHAECIF，后序遍历序列是 GHDBEIFCA。

范例 2：数据结构：二分法查找★★★

查找是数据处理中的一个基本运算。对于有序表(6,22,29,43,47,50,54,78,96,100)，采用二分法查找元素 100 和元素 20，请完善表 8.2 和表 8.3 中的查找过程。

(1) 在有序表中查找 100 的过程：

表 8.2　在有序表中查找 100

第 i 次比较	比较元素	待比较子表
1	47	6,22,29,43,47,50,54,78,96,100
2		50,54,78,96,100
3		
4		

因此，二分法查找元素 100，需要比较_____次，查找成功。

(2) 在有序表中查找 20 的过程：

表 8.3　在有序表中查找 20

第 i 次比较	比较元素	待比较子表
1		6,22,29,43,47,50,54,78,96,100
2		
3		

因此，二分法查找元素 20，需要比较_____次，查找失败。

解析：

二分法查找只适用于顺序存储的有序表。查找规则是：将被查元素 x 与有序线性表的中间项进行比较，相等则查找成功；如果 x 小于中间项，则在中间项之前的子表中继续二分法查找；如果 x 大于中间项，则在中间项之后的子表中继续二分法查找，直至查找成功或者子表为空(查找失败)。

因此，本例二分法查找 100 需要分别和元素 47、78、96、100 比较，查找成功。二分法查找元素 20 需要分别和元素 47、22、29 比较，子表为空时查找失败。

范例 3：数据结构：冒泡排序★★★

排序是数据处理中的一个基本运算。设待排序序列为(57,20,18,13,29,14,26,10)，采用冒泡法进行递增排序，请完善表 8.4 中的排序过程。

表 8.4 冒泡排序过程

趟数 待排序列	第 1 趟	第 2 趟	第___趟	第___趟	第___趟	第___趟
57 20 18 13 29 14 26 10	20 18 13 29 14 26 10 57					

解析：

冒泡排序是基于交换思想的一种简单的排序方法。排序（递增）规则是：从表头开始扫描，逐次比较相邻的两个元素，若为逆序，则进行交换。照此法一趟冒泡结束一定能将最大值交换到序列最后的位置。若某一趟冒泡过程中没有任何交换发生，则排序结束。对 n 个元素的序列进行排序最多进行 n－1 趟冒泡。

范例 4：数据结构：简单选择排序★★★

设待排序序列为(57,20,18,13,29,14,26,10)，采用简单选择排序的方法进行递增排序，请完善表 8.5 中的排序过程。

表 8.5 简单选择排序过程

待排序列	57,20,18,13,29,14,26,10
第 1 趟选择	[13],20,18,57,29,14,26,10
第 2 趟选择	
第 3 趟选择	
第___趟选择	
第___趟选择	
第___趟选择	
第___趟选择	

解析：

简单选择排序的基本思想是：扫描整个线性表，从中选出最小的元素，将它交换到表的最前面（这是它排序后应在的位置）；然后对剩下的子表采用同样的方法，直到子表为空为止。

范例 5：数据库原理：E-R 模型★★★

在数据库分析和设计中，概念模型用来描述现实世界，通常用 E-R 图表示。在概念模型中,客观存在并且可以相互区别的事物称为实体。实体具有的某一方面的特性称为属性。具有相同属性的实体具有相同的特征和性质,用实体名及其属性名集合来抽象和刻画同类实体,称为实体型。实体之间存在相互联系,联系包括一对一(1∶1),一对多(1∶n),多对多(m∶n)三种。

例如在大学里"学生""课程"都是实体型,"学生"实体型可以用学号、姓名、性别、出生日期、所在院系等属性来描述;"课程"实体型有课程号、课程名、学时数、开课院系等属性;"选修"为学生实体和课程实体之间的联系,包括必选、公选等属性。每个学生可以选修不同课程,每门课程有多个学生选修,所以联系类型为多对多。

请完善图 8.2 所示 E-R 图,描述学生和课程之间的关系。

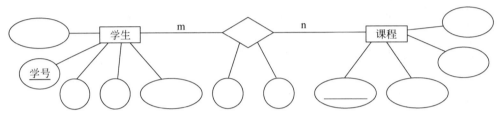

图 8.2　学生和课程关系的 E-R 图

解析:

E-R 概念模型经常用于对现实世界的描述。在 E-R 图中,用矩形框来表示实体型,用椭圆形表示实体或联系的属性,属性与实体之间用实线相连,用菱形框表示实体间的联系,并在对应连线旁标注联系的种类。

范例 6:数据库原理:关系模型及关系数据库★★★

参照范例 5 中"学生"和"课程"的 E-R 图,建立对应关系模型。在 Microsoft Access 数据库管理系统的"学生选课.accdb"数据库中已经建立"学生""课程"和"选课"三个表,如图 8.3 所示。请为三个表建立表间联系。

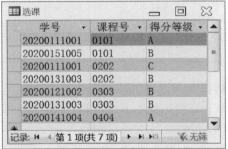

图 8.3　"学生选课"数据库中的三个表

解析：

概念模型向关系模型转换的原则如下：

一个实体型转换为一个关系模式，实体型的属性转换为关系的属性。

- 1∶1 联系可以转换为一个独立的关系模式，也可以和与它关联的任意一端对应的关系模式合并。
- 1∶n 联系可以转换为一个独立的关系模式，也可以和与它关联的 n 端对应的关系模式合并。
- m∶n 联系转换为一个关系模式。

操作步骤：

打开"学生选课.accdb"数据库文件，

（1）在"学生"表中，设置"学号"为主键；在"课程"表中，设置"课程号"为主键。

（2）单击"数据库工具"选项卡中的"关系"按钮，分别将"学生""课程"和"选课"三个表拖动至"关系"设计区。

（3）拖动"学生"表的"学号"属性至"选课"表的"学号"位置，建立"学生"表到"选课"表的一对多关联。拖动"课程"表的"课程号"属性至"选课"表中的"课程号"位置，建立"课程"表到"选课"表的一对多关联。建立关联后的"关系"设计区如图 8.4 所示。

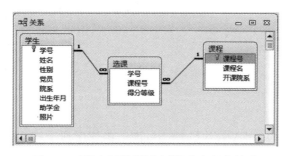

图 8.4 "学生""课程""选课"表之间的关联

三、实验练习

练习 1：使用音频处理工具 Audacity 录制一段 10 秒的音频，导出为"我的音频.wav"文件，查看这个文件的属性，并填空。★★★

计算机处理的信息必须是二进制数字。所以计算机要处理声音，必须先将声音数字化。声音的数字化过程涉及_____、_____和_____三个过程。

录制一段 10 秒时长、16000Hz 采样频率、16 位量化位数、立体声声音，保存为 wav 文件，文件大小为_____ KB。

录制一段 1 分钟时长、16000Hz 采样频率、8 位量化位数、立体声声音，保存为 wav 文件，文件大小为_____ KB。

录制一段 20 秒时长、16000Hz 采样频率、16 位量化位数、立体声声音，保存为 wav 文件，文件大小为_____ KB。

练习 2：在 Windows 附件的"画图"程序中，打开 bird 文件夹中的 10001.jpg，完成以下操作并填空。★★★

(1) 将图片放大 8 倍，观察图片中的像素点。

(2) 用颜色选取器工具选取一个像素点的颜色，单击工具栏中的"编辑颜色"按钮，查看该像素点颜色的 RGB 编码值。

请填空：

有一幅 32×32 像素，24 位颜色的位图，存储在计算机中需要的存储空间为_____B。

练习 3：制作一段逐帧动画并观察播放效果。★★★

在 Flash 或 GIF Animator 动画制作软件中导入连续 n 幅静止图像（例如 bird 文件夹中素材），连续播放图像，显示动画效果。

调整动画播放速度，显示播放效果。

将 n 幅静止图像中每间隔一张删除，再显示动画播放效果。

练习 4：栈和队列的出入问题。★★★

栈和队列都是特殊的线性表，请选择：

(1) 队列的特点是_____或_____。

  A　先进先出

  B　先进后出

  C　后进先出

  D　后进后出

(2) 栈的特点是_____或_____。

  A　先进先出

  B　先进后出

  C　后进先出

  D　后进后出

(3) 假设入栈顺序为 BDAXFKT，则不可能的出栈序列是_____。

  A　TKFXADB

  B　BDAXFKT

  C　ADBTKFX

  D　ADBTKXF

为什么不可能是这个出栈序列？请说说理由。

练习 5：已知二叉树结构如图 8.5 所示，请在表 8.6 中写出三种不同的遍历序列结果。★★★

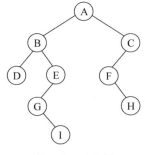

图 8.5　二叉树

表 8.6　二叉树遍历顺序

遍 历 规 则	遍 历 序 列
前序遍历	
中序遍历	
后序遍历	

练习 6：使用二分法查找在有序队伍中尽快找出队友 P 进行队友联盟。★★★

已知众队友已按体重递增排序（87、96、103、109、117、122、136、145、147、148、155、168、

175、188、200），你的队友 P 特征是"体重 147 斤"，请在表 8.7 中填写查找过程。用二分法查找队友 P，需要依次对比_____的体重。

表 8.7 二分法查找队友 P

第 i 次比较	比较元素	待比较子表
1		87、96、103、109、117、122、136、145、147、148、155、168、175、188、200
2		
3		
4		

练习 7：设待排序序列为(76,34,5,45,23,54,88,2)，采用冒泡法进行递增排序，请完善表 8.8 中的排序过程。★★★

表 8.8 冒泡排序过程

趟数 待排序列	第 1 趟	第 2 趟	第___趟	第___趟	第___趟	第___趟	第___趟
76							
34							
5							
45							
23							
54							
88							
2							

练习 8：设待排序序列为(76,34,5,45,23,54,88,2)，采用简单选择法进行递增排序，请完善表 8.9 中的排序过程。★★★

表 8.9 简单选择法排序过程

待排序列	76,34,5,45,23,54,88,2
第 1 趟选择	
第 2 趟选择	
第 3 趟选择	
第___趟选择	
第___趟选择	
第___趟选择	
第___趟选择	

练习 9：建立游戏中"玩家"和"任务"的 E-R 模型。★★★

"玩家"实体型具有玩家 ID、身份证号、玩家性别、账户余额、所属服务器、所选角色、游戏时长等属性，"任务"实体型具有任务编号、任务名称、任务报酬、对应玩家 ID、玩家获取任务时间等属性。玩家执行任务时除了在线状态，还可以 AI 托管。"玩家"和"任务"实体之间是 m∶n 联系,这两个实体及其联系各有怎样的属性呢？请完善如图 8.6 所示 E-R 图。

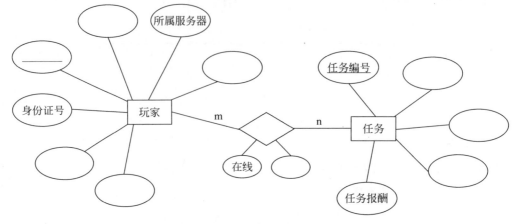

图 8.6 "玩家"和"任务"E-R 图

练习 10：将练习 9 游戏中"玩家"和"任务"的 E-R 模型转换为关系模型（关系表）。★★★

在"玩家任务.accdb"数据库中,已有"玩家""任务"和"执行任务"三个关系表,建立如图 8.7 所示表间关联。（注意表中主键的设置。）

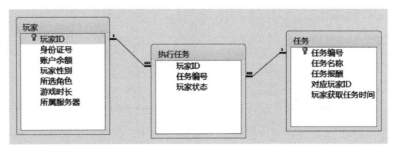

图 8.7 "玩家""任务"和"执行任务"三个表间的关联

四、实验思考

（1）你接触过哪些多媒体开发工具软件？说说它们的基本功能。

（2）数据结构研究的内容是什么？

（3）目前主流数据库管理系统有哪些？

图书资源支持

感谢您一直以来对清华版图书的支持和爱护。为了配合本书的使用,本书提供配套的资源,有需求的读者请扫描下方的"书圈"微信公众号二维码,在图书专区下载,也可以拨打电话或发送电子邮件咨询。

如果您在使用本书的过程中遇到了什么问题,或者有相关图书出版计划,也请您发邮件告诉我们,以便我们更好地为您服务。

我们的联系方式:

地　　址:北京市海淀区双清路学研大厦 A 座 714

邮　　编:100084

电　　话:010-83470236　　010-83470237

客服邮箱:2301891038@qq.com

QQ:2301891038(请写明您的单位和姓名)

资源下载:关注公众号"书圈"下载配套资源。

书圈

获取最新书目

观看课程直播